中国中药资源大典
——中药材系列
中药材生产加工适宜技术丛书
中药材产业扶贫计划

刺五加生产加工适宜技术

总 主 编　黄璐琦
主　　编　李晓琳　张顺捷
副 主 编　李　颖　王瑞霞

中国医药科技出版社

内容提要

《中药材生产加工适宜技术丛书》以全国第四次中药资源普查工作为抓手，系统整理我国中药材栽培加工的传统及特色技术，旨在科学指导、普及中药材种植及产地加工，规范中药材种植产业。本书为刺五加生产加工适宜技术，包括：概述、刺五加药用资源、刺五加栽培技术、刺五加特色适宜技术、刺五加药材质量评价、刺五加现代研究与应用等内容。本书适合中药种植户及中药材生产加工企业参考使用。

图书在版编目（CIP）数据

刺五加生产加工适宜技术 / 李晓琳，张顺捷主编 . — 北京：中国医药科技出版社，2018.7

（中国中药资源大典 . 中药材系列 . 中药材生产加工适宜技术丛书）

ISBN 978-7-5214-0343-5

Ⅰ . ①刺… Ⅱ . ①李… ②张… Ⅲ . ①刺五加－栽培技术 ②刺五加－中草药加工 Ⅳ . ① S567.23

中国版本图书馆 CIP 数据核字（2018）第 119931 号

美术编辑 陈君杞
版式设计 锋尚设计

出版 中国医药科技出版社
地址 北京市海淀区文慧园北路甲 22 号
邮编 100082
电话 发行：010-62227427 邮购：010-62236938
网址 www.cmstp.com
规格 710 × 1000mm 1/16
印张 8 3/4
字数 75 千字
版次 2018 年 7 月第 1 版
印次 2018 年 7 月第 1 次印刷
印刷 北京盛通印刷股份有限公司
经销 全国各地新华书店
书号 ISBN 978-7-5214-0343-5
定价 35.00 元

中药材生产加工适宜技术丛书

—— 编委会 ——

—— 本书编委会 ——

主　　编　李晓琳　张顺捷

副 主 编　李　颖　王瑞霞

编写人员　（按姓氏笔画排序）

王　慧（中国中医科学院中药资源中心）
王瑞霞（临沂大学）
池秀莲（中国中医科学院中药资源中心）
李　颖（中国中医科学院中药资源中心）
李晓琳（中国中医科学院中药资源中心）
杨　光（中国中医科学院中药资源中心）
佟立君（黑龙江省林副特产研究所）
张顺捷（黑龙江省林副特产研究所）
陈　宇（黑龙江省林副特产研究所）
胡　伟（黑龙江省林副特产研究所）
程　蒙（中国中医科学院中药资源中心）
谢晨阳（黑龙江省林副特产研究所）

序

我国是最早开始药用植物人工栽培的国家，中药材使用栽培历史悠久。目前，中药材生产技术较为成熟的品种有200余种。我国劳动人民在长期实践中积累了丰富的中药种植管理经验，形成了一系列实用、有特色的栽培加工方法。这些源于民间、简单实用的中药材生产加工适宜技术，被药农广泛接受。这些技术多为实践中的有效经验，经过长期实践，兼具经济性和可操作性，也带有鲜明的地方特色，是中药资源发展的宝贵财富和有力支撑。

基层中药材生产加工适宜技术也存在技术水平、操作规范、生产效果参差不齐问题，研究基础也较薄弱；受限于信息渠道相对闭塞，技术交流和推广不广泛，效率和效益也不很高。这些问题导致许多中药材生产加工技术只在较小范围内使用，不利于价值发挥，也不利于技术提升。因此，中药材生产加工适宜技术的收集、汇总工作显得更加重要，并且需要搭建沟通、传播平台，引入科研力量，结合现代科学技术手段，开展适宜技术研究论证与开发升级，在此基础上进行推广，使其优势技术得到充分的发挥与应用。

《中药材生产加工适宜技术》系列丛书正是在这样的背景下组织编撰的。该书以我院中药资源中心专家为主体，他们以中药资源动态监测信息和技术服务体系的工作为基础，编写整理了百余种常用大宗中药材的生产加工适宜技术。全书从中药材的种植、采收、加工等方面进行介绍，指导中药材生产，旨在促进中药资源的可持续发展，提高中药资源利用效率，保护生物多样性和生态环境，推进生态文明建设。

丛书的出版有利于促进中药种植技术的提升，对改善中药材的生产方式，促进中药资源产业发展，促进中药材规范化种植，提升中药材质量具有指导意义。本书适合中药栽培专业学生及基层药农阅读，也希望编写组广泛听取吸纳药农宝贵经验，不断丰富技术内容。

书将付梓，先睹为悦，谨以上言，以斯充序。

中国中医科学院 院长

中 国 工 程 院 院士 张伯礼

丁酉秋于东直门

总 前 言

中药材是中医药事业传承和发展的物质基础，是关系国计民生的战略性资源。中药材保护和发展得到了党中央、国务院的高度重视，一系列促进中药材发展的法律规划的颁布，如《中华人民共和国中医药法》的颁布，为野生资源保护和中药材规范化种植养殖提供了法律依据；《中医药发展战略规划纲要（2016—2030年）》提出推进“中药材规范化种植养殖”战略布局；《中药材保护和发展规划（2015—2020年）》对我国中药材资源保护和中药材产业发展进行了全面部署。

中药材生产和加工是中药产业发展的“第一关”，对保证中药供给和质量安全起着最为关键的作用。影响中药材质量的问题也最为复杂，存在种源、环境因子、种植技术、加工工艺等多个环节影响，是我国中医药管理的重点和难点。多数中药材规模化种植历史不超过30年，所积累的生产经验和研究资料严重不足。中药材科学种植还需要大量的研究和长期的实践。

中药材质量上存在特殊性，不能单纯考虑产量问题，不能简单复制农业经验。中药材生产必须强调道地药材，需要优良的品种遗传，特定的生态环境条件和适宜的栽培加工技术。为了推动中药材生产现代化，我与我的团队承担了

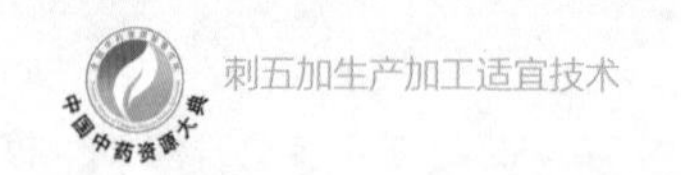

农业部现代农业产业技术体系“中药材产业技术体系”建设任务。结合国家中医药管理局建立的全国中药资源动态监测体系，致力于收集、整理中药材生产加工适宜技术。这些适宜技术限于信息沟通渠道闭塞，并未能得到很好的推广和应用。

本丛书在第四次全国中药资源普查试点工作的基础下，历时三年，从药用资源分布、栽培技术、特色适宜技术、药材质量、现代应用与研究五个方面系统收集、整理了近百个品种全国范围内二十年来的生产加工适宜技术。这些适宜技术多源于基层，简单实用、被老百姓广泛接受，且经过长期实践、能够充分利用土地或其他资源。一些适宜技术尤其适用于经济欠发达的偏远地区和生态脆弱区的中药材栽培，这些地方农民收入来源较少，适宜技术推广有助于该地区实现精准扶贫。一些适宜技术提供了中药材生产的机械化解决方案，或者解决珍稀濒危资源繁育问题，为中药资源绿色可持续发展提供技术支持。

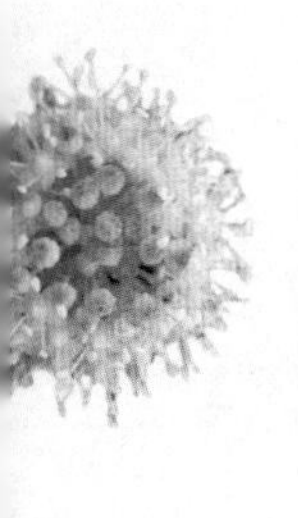

本套丛书以品种分册，参与编写的作者均为第四次全国中药资源普查中各省中药原料质量监测和技术服务中心的主任或一线专家、具有丰富种植经验的中药农业专家。在编写过程中，专家们查阅大量文献资料结合普查及自身经验，几经会议讨论，数易其稿。书稿完成后，我们又组织药用植物专家、农学家对书中所涉及植物分类检索表、农业病虫害及用药等内容进行审核确定，最终形成《中药材生产加工适宜技术》系列丛书。

在此，感谢各承担单位和审稿专家严谨、认真的工作，使得本套丛书最终付梓。希望本套丛书的出版，能对正在进行中药农业生产的地区及从业人员，有一些切实的参考价值；对规范和建立统一的中药材种植、采收、加工及检验的质量标准有一点实际的推动。

2017年11月24日

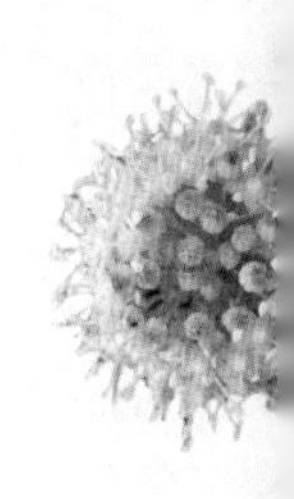

前　言

本书是国家出版基金项目《中药材生产加工适宜技术丛书》之一，是在丛书编辑委员会具体指导下，组织长期从事刺五加研究与产业开发的一线专业人员编写的。本书在文献资料整理和产地调研的基础上编写而成，内容包括刺五加的生物学特性、地理分布、生态适宜分布区域与适宜种植区域、种子种苗繁育、栽培技术、采收与产地加工技术、特色适宜技术、质量评价、化学成分、药理作用及应用等。旨在通过对道地药材刺五加的栽培及采收加工技术系统总结整理，为从事刺五加种植和加工的企业、农户以及从事刺五加研究与开发的科技人员提供指导和参考，推动中药材规范化种植，促进中药资源与精准扶贫融合，保护中药资源可持续发展。

全书共分6章。第1章、第2章由中国中医科学院中药资源中心李晓琳、王慧、杨光编写；第3章、第4章由黑龙江省林副特产研究所张顺捷、佟立君、陈宇、胡伟、谢晨阳编写；第5章由临沂大学王瑞霞编写；第6章由中国中医科学院中药资源中心李颖、程蒙、池秀莲编写。全书由主编统一审改、定稿。书籍所涉及的刺五加种植环节等图片均由黑龙江省林副特产研究所张顺捷等学者提供，特此感谢。

本书编写遵循“科学、规范、实用、适用”原则，参考《中华人民共和国药典》（2015年版）、《中国植物志》及相关专著论文，在编写中突出其科学性并兼顾系统性，结合编者的长期研究与实践经验，凝炼总结出规范实用的刺五加栽培技术与加工技术。由于编者水平有限，难免有不妥之处，敬请指正，以便今后修订。

编者

2017年12月

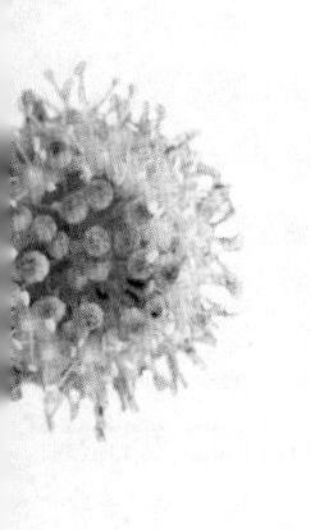

目　录

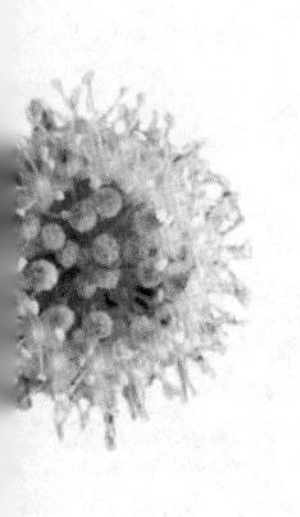

第1章

概　述

刺五加*Acanthopanax senticosus*（Rupt.*et* Maxim.）Harms，为五加科（*Araliaceae*）五加属（*Acanthopanax*）多年生落叶灌木，因周身密生针刺，五叶交加而得名，别名“老虎镣”“刺拐棒”“刺花棒”“一百针”“刺老牙”“坎拐棒子”等，由于药效和人参相似，又叫“五加参”。刺五加主要分布于黑龙江、吉林、辽宁、河北和山西等省。生于森林或灌丛中，海拔数百米至两千米。远东地区、日本、朝鲜也有分布。在日本称其为虾夷五加，俄罗斯称之为西伯利亚人参。

《中华人民共和国药典》（2015年版）规定其干燥根及根茎或茎可入药，具有健脾、安神、补肾、祛风湿等功效。刺五加全株都有药用价值，刺五加根及根茎，是我国中药珍品，在我国历代医书著作中均有记述，《本草纲目》称刺五加为“本经上品”，有“宁得一把五加，不用金玉满车”之说。茎及果实可以制作刺五加酒、饮料。果实还可榨油，制作肥皂等；嫩茎叶是备受人们青睐的山野菜，其他叶片可炒制加工成刺五加茶。

由于供需矛盾加剧，人们长期自由采挖，刺五加的野生资源遭到严重破坏。仅东北三省几十家制药厂每年消耗刺五加茎叶多达1万吨。刺五加干果销往日本、韩国，主要用于化妆品、功能性饮料等。以刺五加为原料的茶厂星罗密布，每年需要大量的刺五加嫩芽嫩叶，刺五加嫩芽、嫩叶的价格已由每公斤

4～5元上升到12～14元，3～4年时间价格翻了3～4番。因此刺五加价格未来持续走高将成定局，大力发展人工栽培已经迫在眉睫，野生变家种是缓解供需矛盾的有效途径。

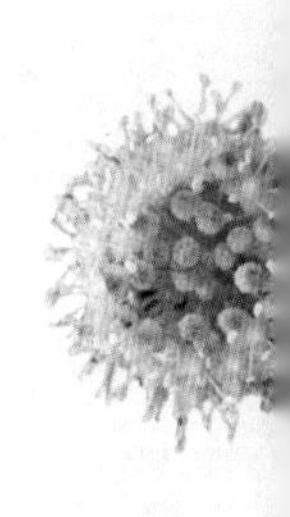

第2章

刺五加药用资源

一、形态特质及分类检索

（一）五加科的形态特征

五加科约有80属900多种，分布于两半球热带至温带地区。我国有22属160多种，除新疆未发现外，分布于其他全国各地。

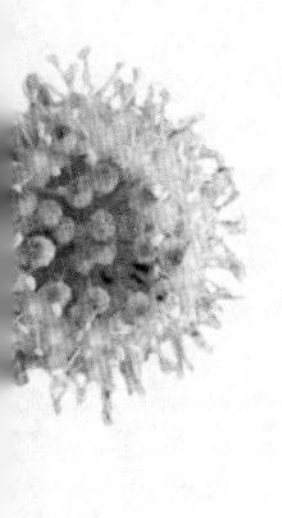

五加科为乔木、灌木或木质藤本，稀多年生草本，有刺或无刺。叶互生，稀轮生，单叶、掌状复叶或羽状复叶；托叶通常与叶柄基部合生成鞘状，稀无托叶。花整齐，两性或杂性，稀单性异株，聚生为伞形花序、头状花序、总状花序或穗状花序，通常再组成圆锥状复花序；苞片宿存或早落；小苞片不显著；花梗无关节或有关节；萼筒与子房合生，边缘波状或有萼齿；花瓣5～10枚，在花芽中镊合状排列或覆瓦状排列，通常离生，稀合生成帽状体；雄蕊与花瓣同数而互生，有时为花瓣的两倍，或无定数，着生于花盘边缘；花丝线形或舌状；花药长圆形或卵形，丁字状着生；子房下位，2～15室，稀1室或多室至无定数；花柱与子房室同数，离生；或下部合生上部离生，或全部合生成柱状，稀无花柱而柱头直接生于子房上；花盘上位，肉质，扁圆锥形或环形；胚珠倒生，单个悬垂于子房室的顶端。果实为浆果或核果，外果皮通常为肉质，内果皮为骨质、膜质、或肉质而与外果皮不易区别。种子通常侧扁，胚乳匀一或嚼烂状。

本科植物在经济上有多方面的用途。许多种类有重要的经济意义，如人参、三七、五加、通脱木、楤木、食用土当归等是著名的药材；鹅掌柴、鹅掌藤、白簕、红毛五加、无梗五加、黄毛楤木、辽东楤木、虎刺楤木、树参、变叶树参、幌伞枫、短梗幌伞枫、刺通草、罗伞、大参、掌叶梁王茶、刺参、多蕊木、五叶参、常春藤等是民间常用的中草药。有些种类如刺楸、刺五加等，其种子含油脂可榨油，制作肥皂用。有些种类如刺楸、五加、食用土当归等的嫩叶可作蔬菜食用。乔木种类其木材具有多种用途，刺楸可制家具及铁路枕木，鹅掌柴适宜于制作蒸笼及筛斗，通脱木的髓可做工艺品。有些种类具美丽的树冠或枝叶，如幌伞枫、鹅掌柴、常春藤等常栽培供观赏用。鹅掌柴是南方冬季的蜜源植物。

（二）五加属的植物学形态特征

五加属为灌木，直立或蔓生，稀为乔木；枝有刺，稀无刺。叶为掌状复叶，有小叶3～5枚，托叶不存在或不明显。花两性，稀单性异株；伞形花序或头状花序通常组成复伞形花序或圆锥花序；花梗无关节或有不明显关节；萼筒边缘有5～4小齿，稀全缘；花瓣5枚，稀者4枚，在花芽中镊合状排列；雄蕊5枚，花丝细长；子房5～2室；花柱5～2个，离生、基部至中部合生，或全部合生成柱状，宿存。果实球形或扁球形，有5～2棱；种子的胚乳匀一。

（三）刺五加的植物学形态特征

刺五加为五加科五加属植物刺五加*Acanthopanax senticosus*（Rupt. *et* Maxim.）Harms的干燥根和根茎或茎（春秋二季采挖，洗净，干燥），别名刺拐棒、老虎獠、刺老牙、一百针、坎拐棒子、刺花棒等。生于森林或灌丛中，海拔数百至两千米之间。多年生落叶灌木，株高1～6m，分枝多，一、二年生的通常密生刺，稀仅节上生刺或无刺；刺直而细长，针状，下向，基部不膨大，脱落后遗留圆形刺痕；根茎发达，呈不规则圆柱状，直径一般0.3～1.5cm，多年植株的根直径可达3cm以上。表面灰褐色至黑褐色，皮薄，有时剥落，显灰黄色。与根茎相比，根上无节或节间的区别，无芽。茎枝通常密生细长倒刺，有时少刺或无刺，有少数笔直分枝。叶为掌状复叶，互生，小叶5枚，有时3枚，叶片纸质，椭圆状倒卵形或长圆形，长5～13cm，宽3～7cm，先端渐尖，基部阔楔形，上面粗糙，深绿色，脉上有粗毛，下面淡绿色，脉上有短柔毛，边缘有锐利重锯齿，侧脉6～7对，两面明显，网脉不明显；小叶柄长0.5～2.5cm，有棕色短柔毛，有时有细刺。伞形花序单个顶生或2～6个聚生，或2～6个组成稀疏的圆锥花序，直径2～4cm，有花多数；总花梗长5～7cm，无毛；花梗长1～2cm，无毛或基部略有毛；花紫黄色；萼无毛，边缘近全缘或有不明显的5小齿；花瓣5枚，卵形，长1～2mm；雄蕊5个，长1.5～2mm；子房5室，花柱全部合生成柱状。浆果状核果，球形或卵

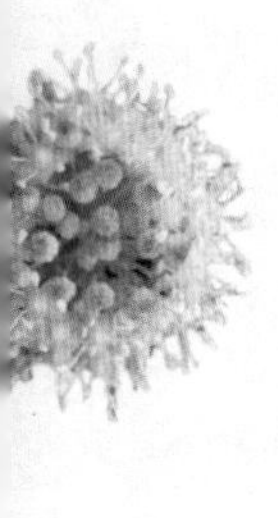

球形，直径7～8mm，未成熟时绿色，成熟时紫黑色，干后具有明显线5棱；宿存花柱长1.5～1.8mm。种子4～5粒，薄而扁，长5～10mm，宽2～4mm，厚1～2mm，质地坚硬，扁肾形或弓形，一侧半圆弧形一侧平直，两面微凸或较平，红棕色、棕色和土黄色；基部有圆形吸水孔；表面无毛，有细小突起；种脐位于种子基部尖端，下陷为近似椭圆形。种仁为黄棕色，弓形或椭圆形，两片子叶不易分开。刺五加花期6～7月，果期8～10月，种子在9～10月成熟。如图2–1、图2–2、图2–3、图2–4所示。

图2–1　野生刺五加植株

图2–2　多年生根茎

图2–3　刺五加花

图2–4　刺五加果实

（四）刺五加的演化地位及分类检索

五加科（Araliaceae），双子叶植物门木兰纲蔷薇亚纲的一科，为灌木或乔木，也有相当数量的攀缘植物和少数草本。全世界约80属，900多种，主产两半球热带及亚热带，少数至温带和寒温带。中国有22属，160多种，除新疆外，其余各省区均有分布，但以西南、云南最多，有5属分布于黄河以北，乃至东北地区。

五加科分为多蕊木族、羽叶五加族、楤木族和人参族4个族。

多蕊木族：花瓣在花芽中镊合状排列，单叶具掌状分裂或掌状复叶。41属，主产亚洲、大洋洲及美洲热带，中国有18属。

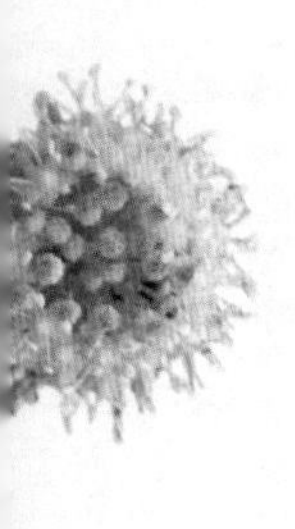

羽叶五加族：花瓣在花芽中镊合状排列，羽状复叶，如单叶则羽状分裂。21属，分布东南亚新几内亚及马达加斯加，中国仅有幌伞枫属。

楤木族：花瓣在花芽中覆瓦状排列，羽状复叶或单叶具羽状分裂。10属，分布东南亚及太平洋岛屿，中国产2属。

人参族：花瓣在花芽中覆瓦状排列，掌状复叶或单叶具掌状分裂。3属，分布于东亚、北美及新西兰地区，中国仅有人参属。

刺五加为多蕊木族五加属。全世界有五加属植物37种（不包括变种），分布于亚洲；我国有26种18变种，占世界首位，广泛遍布于全国，长江流域最多，其中最常见的是细柱五加、刺五加和红毛五加。此外韩国和日本也盛产五加皮，韩国已发现五加属植物17种（11种3变种3变型），其中最常见的是无梗五加，目前韩国还培育出新型变种*A. senticosus* Harms forma *inermis* Yook和*A. divaricatus* Seem. var. *albeofructus* Yook用于药用五加皮。在日本也已发现五加属植物9种，其中最常见的是异株五加。

刺五加基原植物及其近缘种分类检索表

1 子房5室，稀4～3室，有时4～2室。

2 植物体无刺；叶柄顶端有簇毛；小叶片下面脉腋有簇毛；子房4～2室；花柱4～2，仅基部合生（吴茱萸五加组Sect. Evodiopanax Harms）……………………………………………………**1.吴茱萸五加*Acanthopanax evodiaefolius* Franch.**

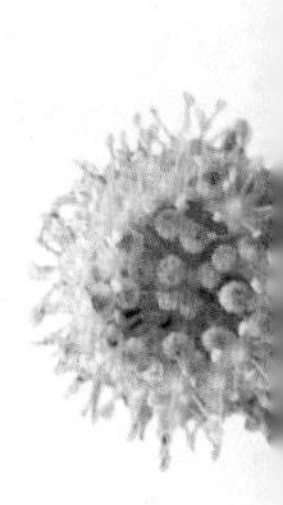

2 植物体有刺，稀无刺；叶柄顶端无簇毛；除1变种外小叶片下面脉腋无簇毛；子房5室，稀4～3室；花柱离生，部分合生或全部合生。

3 花柱离生或基部至中部以下合生；伞形花序单生，稀组成圆锥花序而下部的伞形花序无总花梗，各花在主轴节上轮生（五加组Sect. Acanthopanax）。

4 伞形花序总状排列，顶生的有总花梗，下部的无总花梗，各花在主轴节上轮生 ………………………… **2.轮伞五加*Acanthopanax verticillatus* Hoo**

4 伞形花序单生。

5 花单性异株 …………… **3.异株五加*Acanthopanax sieboldianus* Makino**

5 花两性。

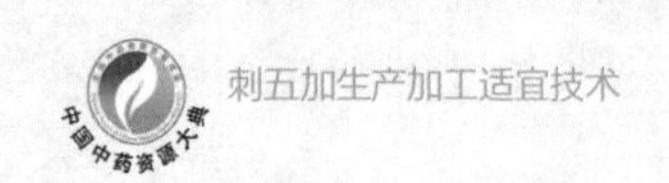

6 花柱离生或几离生。

7 植物体常有刺有毛，总花梗和花梗有短柔毛……………………………………

……………………… **4.乌蔹莓五加*Acanthopanax cissifolius*（Griff.）Harms**

7 植物体无刺无毛，总花梗和花梗无毛 ……………………………………………

…………………………………**5.离柱五加*Acanthopanax eleutheristylus* Hoo**

6 花柱基部或中部以下合生，稀有全合生仅顶端离生。

8 小叶片全部边缘或除基部外有不整齐重锯齿，稀为单锯齿。

9 小叶片侧脉约5对；伞形花序较小，直径1.5～2.5cm………………………

………………………………………… **6.红毛五加*Acanthopanax giraldii* Harms**

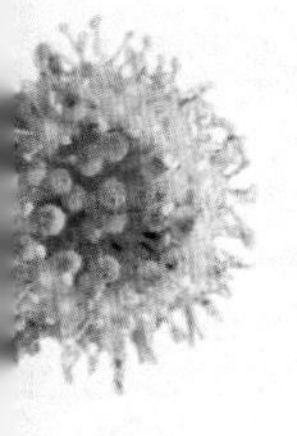

9 小叶片侧脉6～10对；伞形花序较大，直径3～4cm。

10 枝密生刺；小叶片倒卵状长圆形、长圆形或长圆状披针形，长3.5～10cm，宽1.5～4.5cm ……… **7.云南五加*Acanthopanax yui* Li**

10 枝无刺；小叶片披针形，稀长圆状披针形，长2～6.5cm，宽0.4～1.5cm ……… **8.太白山五加*Acanthopanax stenophyllus* Harms**

8 小叶片边缘下部1/3～1/2全缘，其余部分有钝齿或细牙齿状。

11 枝通常密生红棕色刚毛；小叶片边缘有细牙齿状 ………………

……………………… **9.细刺五加*Acanthopanax setulosus* Franch.**

11 枝无红棕色刚毛；小叶片边缘有钝齿。

12　小叶片上面脉上疏生短刺，网脉通常下陷；总花梗长1.5～4cm；花柱仅基部合生 ……………………………**10.狭叶五加*Acanthopanax wiisonii* Harms**

12　小叶片上面脉上无短刺，网脉不下陷；总花梗长1～2cm；花柱合生，仅顶端离生 ……………………… **11.匙叶五加*Acanthopanax rehderianus* Harms**

3　花柱全部合生成柱状，结实时稀柱头裂片离生；伞形花序常组成复伞形花序或短圆锥花序［刺五加组Sect. Eleutherococcus（Maxim.）Harms］。

13　叶柄全部都极短，长约3mm；小叶片倒卵形至倒卵状长圆形 ……………………………………………**12.短柄五加*Acanthopanax brachypus* Harms**

13　叶柄较长，长2cm以上，如枝上部的叶近于无柄，其下部的叶柄也长在2cm以上。

14　枝刺细长，直而不弯。

15　小叶片革质，下面灰白色 ……………………………………………………… **13.蜀五加*Acanthopanax setchuenensis* Harms**

15　小叶片纸质或膜质，下面非灰白色。

16　小叶片先端长尾尖 ……**14.尾叶五加*Acanthopanax cuspidatus* Hoo**

16　小叶片先端渐尖，稀尾尖。

17　花紫黄色；果实的宿存花柱长1.5～1.8mm ……………………………**15.刺五加*Acanthopanax senticosus*（Rupr. Maxim.）Harms**

17 花绿黄色；果实的宿存花柱长1～1.5mm ……………………………………

………………… **16.藤五加*Acanthopanax leucorrhizus*（Oliv.）Harms**

14 枝刺粗壮，通常弯曲。

18 小叶片较小，长2.5～5cm，宽1.5～2cm，倒卵形，无毛，侧脉4对，不甚明显；枝上部的叶柄有时极短至近无柄 ……………………………………

………………………… **17.倒卵叶五加*Acanthopanax obovatus* Hoo**

18 小叶片较大，长5～12cm，宽1.5～4cm，两面有毛，侧脉7～10对，两面明显。

19 小叶片上面脉上疏生小刚毛，下面无毛或沿叶脉有短柔毛，边缘有锯齿；花梗长0.8～1.5cm ……………………………………………………

………………… **18.糙叶五加*Acanthopanax henryi*（Oliv.）Harms**

19 小叶片两面脉上密生刚毛，有时下面密生柔毛，边缘有重锯齿；花梗长0.4～1.2cm ……… **19.刚毛五加*Acanthopanax simonii* Schneid.**

1 子房2室。

20 花柱离生或基部至中部以下合生［花椒五加组Sect. Zanthoxylopanax Harms］。

21 伞形花序腋生或生于短枝顶端 ……………………………………

……………… **20.五加*Acanthopanax gracilistylus* W. W. Smith**

21　伞形花序顶生。

22　植物体无刺 ······················ **21.匍匐五加*Acanthopanax scandens* Hoo**

22　植物体有宽扁钩刺。

23　小叶片卵形、长圆状卵形至倒卵状长圆形，或倒卵形；总花梗、花梗和萼均密生早落的白色绒毛 ···

································· **22.康定五加*Acanthopanax lasiogyne* Harms**

23　小叶片椭圆状卵形至椭圆状长圆形；总花梗、花梗和萼均无毛 ·········

································ **23.白簕*Acanthopanax trifoliatus*（L.）Merr.**

20　花柱合生成柱状，仅柱头裂片离生。

24　伞形花序组成主轴甚短（长约1cm）的伞房状圆锥花序；植物体无刺（短轴组Sect. Sciadophylloides Harms）··································

································ **26.中华五加*Acanthopanax sinensis* Hoo**

24　头状花序或伞形花序组成主轴较长的圆锥花序；总花梗被毛；植物体有刺［头序五加组Sect. Cephalopanax（Baill.）Harms］。

25　伞形花序组成圆锥花序；叶有5小叶，小叶片下面密生短柔毛 ······

······ **27.两歧五加*Acanthopanax divaricatus*（Sieb. Zucc.）Seem.**

25　头状花序组成圆锥花序；叶有小叶3～5，小叶片无毛 ···············

··· **28.无梗五加*Acanthopanax sessiliflorus*（Rupr. Maxim.）Seem.**

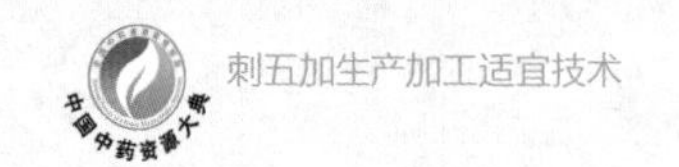

二、生物学特性

刺五加是东北东部山地红松阔叶混交林下的主要灌木，是长白植物区系的典型代表植物之一。刺五加资源丰富，但由于药用历史较长、药用价值大，资源破坏严重。刺五加的生境特殊、分布面窄、蕴藏量低，目前分布面积急剧缩小，蕴藏量大幅度下降，已成为渐危物种。

（一）生态环境

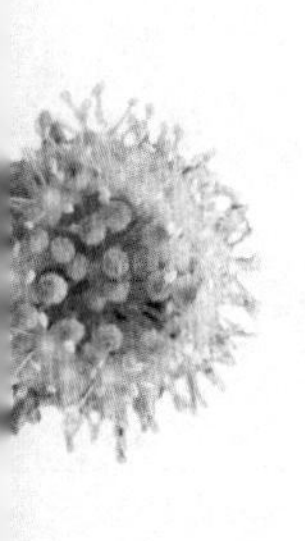

刺五加通常生长在海拔400～2000m的山地，性耐阴，喜湿润和较肥沃的土壤，多散生或丛生于针、阔叶混交林或阔叶林内、疏林下、林缘及灌丛中，是构成林内常见灌木之一，在采伐迹地或林缘也常见生长。野生刺五加喜生长于较为湿润、排水良好、腐殖质层深厚、微酸性（pH值为5.6～6.5）的土壤中，生产上以栽植在排水良好、疏松、肥沃的夹沙土壤中为好。刺五加对气候要求不高，喜温暖，也能耐寒；喜湿润，也能耐旱，但不耐涝；喜阳光，又能耐轻微荫蔽，但以夏季温暖湿润多雨、冬季严寒的大陆兼海洋性气候最佳。刺五加是一种抗寒性较强的植物。它分布于针阔混交林带，这一分布带具有冬长夏凉的特点，无霜期短，一般为100～120天，年平均气温约4.6℃，7月平均气温为22℃，大于等于10℃的积温为2813℃。临江地区一月份平均气温在-18℃左右，大气极端最低温度-38℃，但未见刺五加植株发生冻害。刺五加需要一定的荫蔽条件，但荫蔽度不宜过大。在郁闭度较大的天然次生林内，刺五加长植株高而细，分枝少，生长缓慢，种子大多不成熟，根蘖苗较少；而在透光性较大的林内，如采伐迹地、林间空地及林缘地带的刺五加植株则相对矮一些，但较为粗壮，种子饱满，而且根蘖苗多；移栽到平地上的刺五加，没有遮阳，生长一般。在疏林下、林缘或灌丛内的刺五加植株，五年以上植株高可达3～5m，能正常开花结果；而在纯针叶林内，五至六年生的植株高度只有30～50cm，未见其开花结果，在裸露的地段或平坦草地，无刺五加分布。

（二）生长发育规律

1. 刺五加的物候期

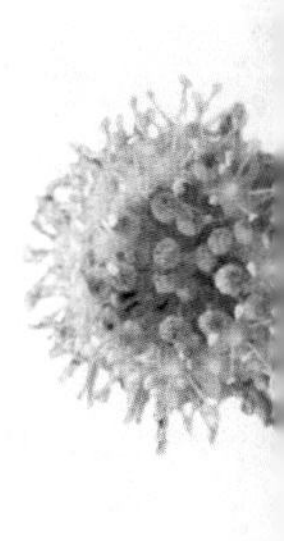

刺五加为多年生落叶灌木。刺五加树液流动在4月中旬开始，4月下旬顶芽开始膨胀，5月上旬顶芽展开，植株随之进入生长盛期，第一次高生长，7月上旬高生长结束形成顶芽，第二次高生长在8月上旬至9月下旬，植株在未有花朵枝条上多有二次高生长。5月中旬整株叶片基本展开，6月中旬花蕾开始形成，并同时形成顶芽，7月上旬初花期，7月中旬进入盛花期，花期持续15天左右，7月下旬花期结束，7月下旬至8月为果实生长期，8月下旬果实成熟，此时浆果呈黑褐色。9月中旬果实脱落，部分果实残留在植株上可持续到11月中旬。9月下旬落叶，刺五加从此结束一年的生长发育，开始进入越冬休眠期，休眠期为11月至次年3月，植物生长期为150天左右。

刺五加的根系发达，无明显主根，根在20cm左右的土层深度近水平分布。地下茎横走，分布在10～20cm深的腐殖质层中。由地下茎上的芽出土形成植株。1～4年生的植株每年发生的新枝较长，并密生黄色细刺，植株年生长量一般为30～50cm，最长可达80cm。五年生以上植物营养生长逐渐减慢，年生长20～40cm，枝上的刺也变得粗而稀，并开始开花结实。开花期需要较高的温度和晴朗的天气，如遇连续雨天会影响授粉和结实。一般在疏林下、林缘和灌木丛中的植株开花早，花多，结实也多；反之，在透光性差的高大郁闭的乔木林内，植株开花期较晚，花少，甚至不开花。刺五加种子具有深休眠特性，果实成熟以后种胚在形态上未分化，原胚状态的胚被包埋在由珠心发育而来的外胚乳一端。胚需要一个较长的休眠时间才能达到完全成熟。在自然条件下，种子离开母体后，需次年经夏越冬，依次完成形态发育和生理成熟后，在第3年春季陆续萌芽，或通过层积沙藏的变温处理在第2年获得较理想的发芽率。自然界中种子很难获得萌发的条件，因而野生实生苗很少见，所以山区有“十年难见苗”之说。

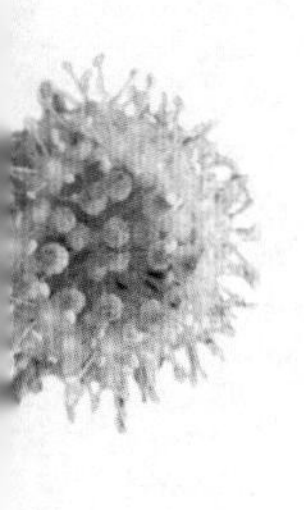

刺五加主要依靠根状茎进行营养繁殖。母株的地下横走茎的顶芽长出地面形成新的植株，侧芽则形成新的横走茎，向侧面伸展，年伸展长度为20～40cm。地下茎上的芽只要土壤、温度、湿度适宜，都能长成独立的植株。如图2–5、图2-6所示。

图2-5　人工栽植五年生株丛

图2-6　人工栽植20年生株丛

2. 刺五加的生活史型

根据刺五加的营养生长、有性生殖和克隆繁殖，结合刺五加的初生代谢和次生代谢，可把刺五加划分为三种生活史型。在林窗生境，刺五加营养生长阶段比较活跃，刺五加的幼株一旦形成，则可快速进行营养生长，经过4～5年的发育可变为具有繁殖能力的植株，但由于该型刺五加的能量主要用于营养生长，而有性生殖和克隆繁殖均不活跃，所以该生境下刺五加多为以营养生长为主，有性生殖为辅的类型（vegetative growth–sexual reproduction form）。在林缘生境，刺五加营养生长阶段不活跃，刺五加分株或幼苗钻出地面后，其地上部分的形态建成会受到环境因子的制约，营养生长较慢，但有性生殖和克隆繁殖却处于活跃状态，刺五加幼株只须经过2～3年的发育即可变为具有繁殖能力的植株，该类型植株开花量大，结实率高，种子饱满率也高，该生境下刺五加应属于有性生殖型（sexual reproduction form）。在林内生境，刺五加营养生长不活跃，积累的有限能量不能满足植株有性生殖的需要，植株的开花年龄会

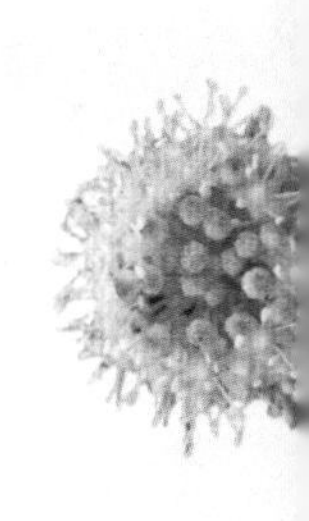

延迟到5～6龄，只有少量的植株能够开花结实，且花序数量少，与有性生殖相比，该生境下刺五加的克隆繁殖相对活跃，是该生境刺五加的主要繁殖方式，因此，该生境下刺五加多为克隆繁殖型（clonal reproduction form）。

三、地理分布

刺五加在我国主要分布于黑龙江（小兴安岭、伊春市带岭）、吉林（吉林市、通化、安图、长白山）、辽宁（沈阳）、河北（雾灵山、承德、百花山、小五台山、内丘）和山西（霍县、中阳、兴县）等地。

地方习用品：无梗五加分布于黑龙江、吉林、辽宁、河北和山西等省；细柱五加分布于华北、西北至东南各地；红毛五加分布于青海、宁夏、甘肃、四川、湖北、河南等省；藤五加分布于长江流域各省及甘肃、陕西等省；糙叶五加分布于山西、陕西、四川、湖北、河南、安徽、浙江等省；蜀五加分布于甘肃、陕西、河南、湖北、四川、贵州等省；锈毛吴茱萸五加分布于西南至东南及陕西等地；康定五加分布于西藏、云南等省；轮伞五加分布于西藏地区。

四、生态适宜分布区域与适宜种植区域

刺五加主要分布于东北广大山区，其中小兴安岭及长白山北部蕴藏量较大。刺五加适宜生长的生态幅较窄，自然条件下无性繁殖系数也较低，刺五加

又为形体较大的灌木，一旦生态环境遭到破坏种群很难恢复。中药材产地适宜性分析地理信息系统（TCMGIS）是以气候因子数据库、土壤数据库、基础地理信息数据库及第3次全国中药资源普查数据为后台支撑，对环境因子的最小分辨区域为1平方千米，具有较高的分辨能力，能够快速、精确地区划中药材适宜产地，为野生资源普查和抚育提供基础研究资料，同时也为刺五加的合理种植、资源保护提供依据。应用TCMGIS系统对我国刺五加适宜生长区域进行了区划，全国共有11个省和直辖市的269个县市为刺五加的适宜产地，该区域地理位置位于小兴安岭、长白山、大兴安岭、燕山山脉、太行山和秦岭山脉，其中黑龙江省适宜面积占全国总面积的49.3%，其次为内蒙古自治区22.4%，吉林省16.5%，辽宁省4.3%，河北省、北京市、河南省、山西省、陕西省、四川省和甘肃省7省市总计仅占7.4%。刺五加的种子需要4个月左右的形态后熟期和2个月0～5℃生理后熟期，所以刺五加主要分布在我国寒冷湿润的北方地区，在南部也基本分布在高海拔地区的温凉湿润地带，干燥环境不适合刺五加的生长和生育，因此种群数量较少。

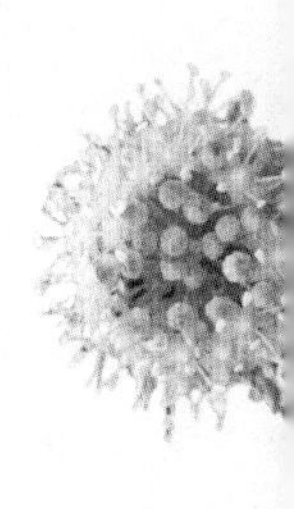

第3章

刺五加栽培技术

一、种子种苗繁育

刺五加既能进行有性繁殖，又能进行无性繁殖，以无性繁殖为主。

（一）繁殖材料

刺五加可用种子进行繁殖。刺五加的果实成熟在8～10月份，浆果由绿色变为黑色时种子成熟。刺五加种子的形态特征为横椭圆形或弓形，一侧边缘为半圆弧形，向两侧微凸起，一侧边缘平直，两面略凹，基部有圆形吸水孔；种子长6.39～8.95mm，宽2.38～3.64mm，厚度为0.92～2.21mm；种皮为红棕色、棕色或土黄色，表面无毛，有细小突起；种脐位于种子基部尖端。胚乳丰富，胚细小，埋生于种仁基部。千粒重为11.7g。

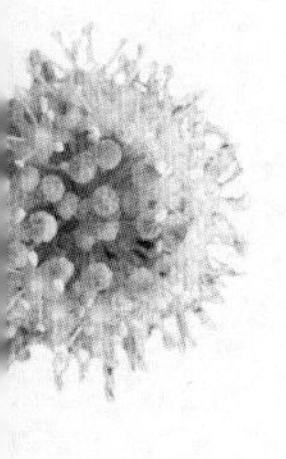

刺五加种子在扩散前因授粉不足或被昆虫采食而使种子质量受到严重的影响，成熟种的比例仅为34.2%，而未成熟种子和昆虫采食的种子比例却高达65.8%。在刺五加种子库中，94.5%的种子不成熟或遭受过昆虫危害。刺五加的种子具有先天休眠的特性，种子的胚尚未分化完成，种子种胚处于心形胚期，位于种子的一端，体积很小，约占种子长度的1/20，种子需要经过处理才能完成形态和生理后熟。在自然条件下刺五加种子需要越冬再经夏季后到第三年春季才能萌发，经夏季高温完成种子形态后成熟；经过秋季到下一年春季的低温期后种子才完成生理后成熟。刺五加种子在自然条件下萌发率和出苗率很低，在人工落叶松林下的模拟刺五加播种实验，人们发现，即使是质量完好的成熟种子其转化为一年生苗的转化率也仅为2%和79%（前者播种在枯枝落叶上，后者播种在枯枝落叶下），二年生以后，在林下植物不发育的人工落叶松林下刺五加植株的存活率才渐趋于稳定。

刺五加种子应在2～5℃的低温下贮存，贮藏期不宜超过2年。超过2年的刺五加种子发芽率较低，一般不适宜作种子用。

无性繁殖主要选择当年萌发的幼茎或尚未开花、生长健壮的带叶枝条，将其剪成长度适宜的插条后进行扦插繁殖。此外还有组织培养等无菌苗繁殖。

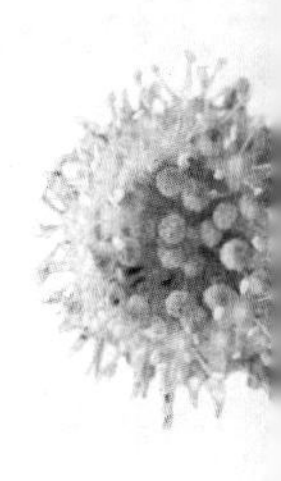

（二）繁殖方式

1. 有性繁殖

（1）选地与整地　应选择交通方便，有喷灌条件，劳力充足的地块。应地势平坦，排水良好，地下水位≥1.5m，水质质量应符合GB 5084—1992二类标准GB/T 18407.1—2001中3.2.1的规定。土层厚≥30cm，pH值6.0～7.0，质地为砂壤土或壤土，土壤环境质量应符合GB 15618—1995二级标准和GB/T 18407.1—2001中3.2.3的规定。栽培环境质量应符合GB 3059—1996二级标准和GB/T 18407.1—2001中3.2.2的规定，忌风口，霜穴，雹带，忌地表浸淹或地下水浸渍地。耕作层≥25cm。土壤耕作层有机质含量≥2.5%，团粒结构。主要矿物质含量：全氮（N）≥0.25%、全磷（P_2O_5）量≥0.2%，全钾（K_2O）量≥0.4%。

整地应在秋季起苗后进行，实行秋翻、秋耙、春做床，或春翻春做床。应将翻、耙、做床相结合，工序衔接紧密。翻地应当深翻，不得漏翻，不得将犁底层生土翻上来。注意田间持水量＞70%时，不宜整地。作床前充分碎土，清除残根，石块，拌匀粪肥。作床规格，床面宽110cm，步道宽50cm，床高≥15cm，床长30m左右，可因地制宜。床内无直径1.5cm以上的土块，应将土壤耧平或镇压床面。矫正茬口不对时，宜进行轮作。

施基肥应本着“测壤施肥”的原则，确定施肥的种类和数量。宜施有机肥，不宜或少施化肥。有机肥充分腐熟后使用。基肥施用量:（4.5～7.5）× 10^4kg/hm^2，基肥施用方法：应采取“分期分层”方法，也可一次性施用。应在秋翻地时施入年施肥量的40%，作为底肥，其余60%在做床时施入，作为上层肥。基肥施用时应扬均匀，使之与土壤充分混合。

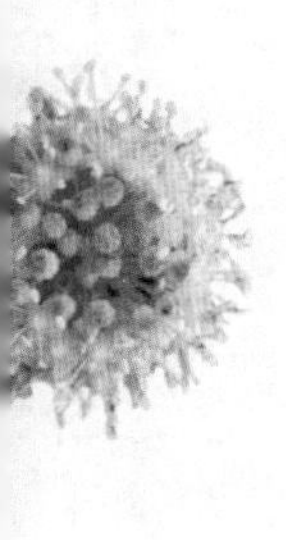

土壤播种前消毒，可消灭病菌，确保苗木安全。结合作床每平方米苗圃地用75%五氯硝基苯4g、代森锌5g。防治炭疽病、立枯病、猝倒病、菌核病等有很好效果。

（2）种子采集、处理　种子应选择生长健壮、果实饱满、适宜当地的无虫病害的种源采集。采种时间在9月下旬浆果呈黑褐色时采收。首先堆沤3～5天后用揉碾法将浆果破损后，种子与果肉分离后用清水漂洗多次，将沉入水底的种子捞出阴干，待种皮风干后，再用风选的方法选出饱满种粒，并称重。刺五加浆果出籽率为3.8%～9.6%，浆果出籽率的高低与年度气候、种子虫害关系很大，千粒重为10.4～11.4g（鲜种表皮风干的称重），有萌发潜能的种子占全部种子的12.8%左右。

种子处理：处理时间：10月初至4月下旬。处理方法：采用高温—低温—高温混沙层级变温处理法。首先40℃温水浸种24小时，捞出控干。按种子与砂（纯净小粒河砂）体积比1∶3混拌均匀，同时用300～500倍液多菌灵或百菌清对种砂杀菌消毒，种砂湿度为45%～55%，置于室内15～20℃条件下进行堆积，经常翻动种砂，以后每7～10天喷施一次杀菌剂，保持湿度，并观察种胚发育情况。80～100天后，种胚约占种子长度的2/3～1时，偶见种子裂口，可将种砂移至-3～3℃的低温环境中处理2～3个月，于第二年4月中下旬至5月初进行播种。播种前3～5天取出置于室外催芽处理，可保持种砂湿度，有少量种子露白时即可播种。

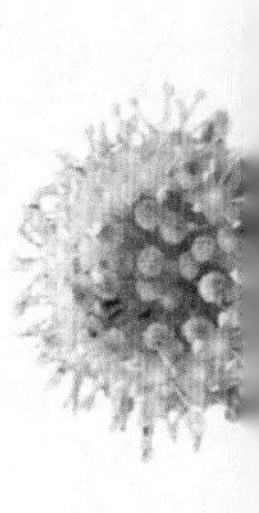

（3）播种　播种前准备：安装、检修浇水排灌设施，进行试喷。备全，备足播种用具。按播种面积备足覆土材料。播种时间，春季土壤5cm深处的地温稳定在8～10℃时即可播种。播种方式有撒播、条播等。条播播幅与间距的宽度比（1.5～2）∶1，用播种框控制。条播横向开沟，沟距20～25cm，沟深0.6cm，每平方米用种量17.6～31.1g，每沟种600～1000粒种子。

经验播种量为（8～12）kg/360m^2。

播种量计算，如式3-1所示。

$$X=C\frac{mn}{EK}\qquad（式3-1）$$

式中：X—播种量，单位克每平方米（g/m^2）；m—种子千粒重，单位（g）；n—设计密度，单位株每平方米（株$/m^2$）；E—种子净度，%；K—种子发芽率，%；C—播种系数，为45～50。

表3-1　育苗密度与播种量

作业方式	育苗密度/（株/m^2）	千粒重/g	净度/%	发芽率/%	播种系数	播种量/（g/m^2）
床式	100～120	6.6	85	15	5.0	25.9～31.1
床式	100～120	6.6	85	22	5.0	17.6～21.2

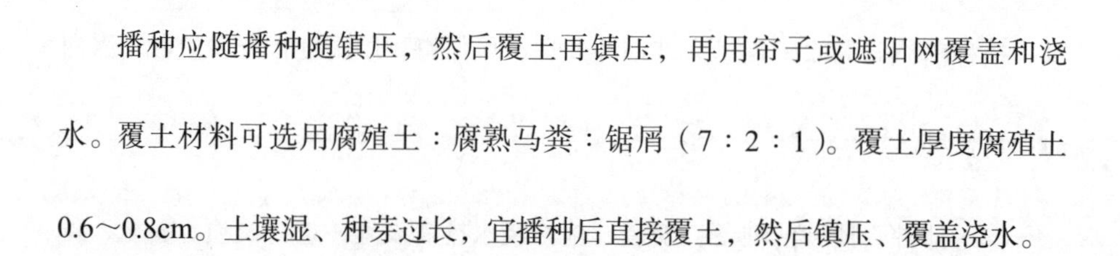

播种应随播种随镇压，然后覆土再镇压，再用帘子或遮阳网覆盖和浇水。覆土材料可选用腐殖土：腐熟马粪：锯屑（7：2：1）。覆土厚度腐殖土0.6～0.8cm。土壤湿、种芽过长，宜播种后直接覆土，然后镇压、覆盖浇水。

播种程序为：播种—镇压—覆土—再镇压—覆盖—浇水。

（4）圃地管理

①浇水与排水　苗前保持床面湿润，浇水量少次多的原则。幼苗生长初期，苗小根系短，深入土层浅，需水量不大，但须保持苗床上层湿润；生长后期，正是干物质积累、枝条硬化、增强抗寒能力的阶段，进入雨季后，一般情

况下可少浇或不浇水。

苗圃排水道必须做到步道低于床面，水道低于步道，排水沟低于送水道；床面平，步道平，送水道平，排水沟平，严防育苗地洪水泛滥，有水及时排出。

②除草与松土 幼苗出土后很嫩弱，抗逆性差，前期生长也缓慢，为使幼苗得到充足的水、肥、光，促其健壮生长，苗前苗后应及时人工除草，幼苗出土前后要坚持有草就拔，并防止杂草盘根而在拔草时带出幼苗。除草、松土时应与除病苗、死苗、保持床面清洁相结合进行。

③撤除覆盖物 幼苗拱土后及时把帘子架起庇荫，架子高度为距苗床40～60cm，以免幼苗出土后钻到庇荫帘内，撤架庇荫帘时把幼苗带出，以便除草作业。待幼苗基本出齐，并有一半以上幼苗长出第1片真叶时，于每天上午9点至4点前放帘庇荫，早晚弱光及阴雨天把帘卷起，使幼苗受弱光照射，这样可增强光合作用，还可以使幼苗受到锻炼，增强对外界环境的适应能力，促进幼苗健壮生长。绝大多数幼苗长出第1片真叶后，部分幼苗长出2片真叶时，趁阴雨天或傍晚把覆盖物撤掉。

④施肥 苗木追肥，前期应以氮肥为主，中期以磷肥为主，后期以钾肥为主。追肥时间应于幼苗出现侧根以后开始，苗木速生后期不宜追施氮肥。第一次苗期追肥应在撤除覆盖物时进行，苗床喷施1次0.3%～0.5%尿素；第二次苗

期追肥在苗木速生期，苗床施1∶1∶1比例的氮、磷、钾肥。施用叶面肥时，应控制肥液浓度，应在天气晴朗、无风的下午或傍晚施用；埋土沟施肥时，化肥不宜与苗木根系接触，应需灌水。根外追肥时浓度不应超过1‰。

⑤间苗补苗　幼苗保留密度≥100株/m²，≤150株/m²为宜，间苗是为了调整幼苗之间的疏密度，使植株根系发展均匀，苗木生长整齐健壮。原则是间密补稀，间小留大，间劣留壮，分布均匀。间补苗时间为幼苗长出3～4片真叶时，在阴雨天或傍晚进行。刺五加是阔叶植物，保留株数过多，则影响通风透光，使植株易感染病害。可将间出苗带土就近补植到缺苗段，补苗也最好选择阴雨天或傍晚进行，补苗后及时浇水，进行2～3天遮阴，可提高补苗成活率。

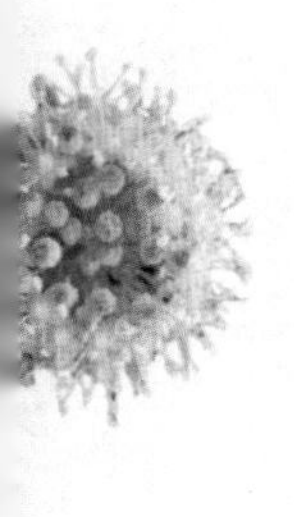

⑥灾害防治　育苗地灾害的防治应以坚持预防为主，防治结合为原则。做好生态性灾害的预测预算，及时防除霜冻，其冻害的临界值是<-1℃。如遇霜冻，可在育苗地附近放烟或架设覆盖物。

⑦病虫害防治　刺五加播种育苗易出现病害，主要病原是腐霉菌和立枯丝核菌属真菌。主要病害是猝倒病、立枯病，在幼苗出土至幼苗茎部半木质化前，约25天内为发病盛期。自幼苗出土时就应及时喷施药剂预防猝倒病、立枯病等病害的发生和蔓延。防治方法以预防为主，首先是改善育苗条件，圃地施肥、精细整地、适时早播、水分管理等。药物防治是播种作床前用杀菌剂对土壤杀菌消毒；幼苗出土后80%疫霜灵（乙磷铝）或72%霜霉威（普力克）

600～800倍+25%苯菌灵乳油800～1000倍喷雾，5～7天一次，连喷3～4次。如发现猝倒病时，用多菌灵或代森锰锌稀释500～800倍液喷施苗床，每7天1次，连续3～4次效果较好。

王玉新选用8种药剂，采用生长速率法对刺五加苗期立枯病主要病原菌—立枯丝核菌（Rhizoctonia solani Kuhn）和腐皮镰刀菌（Fusarium solani）进行室内药剂筛选，40%甲霜福美双WP、17%多福ZX对立枯丝核菌和腐皮镰刀菌的菌丝生长均具有较好的抑制作用；70%噁霉灵WP、50%福美双WP对立枯丝核菌的生长均具有较好的抑制作用；50%多菌灵WP、80%代森锰锌WP对腐皮镰刀菌的菌丝生长抑制作用较好。

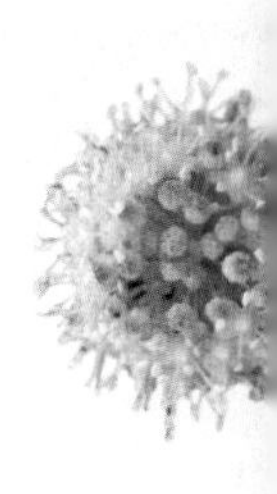

刺五加苗期主要的地下害虫有蝼蛄、蛴螬、地老虎和金针虫等，它们专食苗根或咬断根茎，危害严重时直接影响育苗效果，应及时采取人工捕杀或用90%敌百虫100g/亩与炒香的饼粉5kg/亩拌成毒饵在田间诱杀。加强田间管理，提高苗木质量，进行综合防治。

⑧壮苗培育　为保证苗木质量，提高苗木木质化程度，进入雨季控制浇水，适时撤去遮阴物；叶面喷施磷、钾肥；喷施植物生长调节剂，促进刺五加苗木木质化，其中，15%可湿性粉剂多效唑600mg/kg效果较好。

⑨起苗、包装、运输和贮藏　起苗：起苗前做好准备工作，用起苗犁或铁锹，起苗深度应≥18cm。起苗时间以春起为主，育苗地土壤化冻深度18cm时

即可开始，以保持苗木根系长度≥15cm以上。苗木损失率≤3%。起苗时应做到随起随拣、随分级。Ⅰ、Ⅱ级苗30株为一捆，Ⅲ苗50株为一捆，然后及时假植。

苗木质量标准　刺五加苗木分为三级，Ⅰ、Ⅱ级苗苗木通直、木质化良好、无病虫害、无机械损伤。Ⅰ、Ⅱ级苗率70%～80%，用于移栽；Ⅲ级苗用于换床。Ⅰ、Ⅱ级苗70～90株/m^2。如表3-2所示。

表3-2　苗木质量分级表（实生苗）

级别	苗高/cm	地茎/mm	主根长/cm	侧根数条
Ⅰ级	10	3	18	4
Ⅱ级	5	2	15	3
Ⅲ级	＜5	＜2	＜15	＜3

包装、运输：用草帘包装、苗根向内，互相重叠，保持根系湿润。Ⅰ、Ⅱ级苗和Ⅲ级苗捆分别打包并分别统一数量。每个包装应附以标签标明：树种、种源、苗龄型、苗木等级数量、起苗日期、植物检疫证书、产苗单位等。运输时应加盖苫布，途中采取降温、保湿措施，以保持苗根湿润。运输到目的地时，应立即开包检查，及时假植。

贮藏：临时假植，应挖假植沟20～30cm，苗木按行单捆30°倾向摆放，每

注：1亩＝666.7m^2。

行的捆数固定，培土，超过地径3～5cm踏实，应设荫碰棚或用草帘覆盖。应有专人看护，及时浇水，保持苗木生活力不降低。留圃越冬的苗木，应进行妥善保管，封冻前应浇透防冻水。秋起后，进入窖藏或露天假植。

⑩建立档案，规范管理　种子来源，苗木的生长发育情况调查及各阶段采取的技术措施，各项作业实际用工量和肥、药物料的使用情况，育苗、起苗时间，苗木等级、病虫害情况；经营面积、自然情况、土壤、气象条件、灌溉条件等情况应逐年存档，并有专人管理。如图3–1、图3–2、图3–3、图3–4、图3–5、图3–6所示。

图3–1　刺五加播种

图3–2　刺五加出苗

图3–3　刺五加遮阴

图3–4　刺五加炼苗

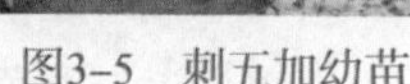

图3-5　刺五加幼苗

图3-6　刺五加起苗

2. 无性繁殖

刺五加种子在自然条件下出苗率很低，在林缘或采伐地环境中，偶见实生苗，故有“老虎镣（刺五加）十年难见苗（实生苗）”之说。刺五加作为一种渐危种，主要以根蘖延续野生种群为主。刺五加根茎具有大量的潜伏芽，因受顶端优势的控制，转化为无性系小株的数量少，一旦植株受干扰后，破坏其顶端优势，其转化率（无性系小株）将大大提高。

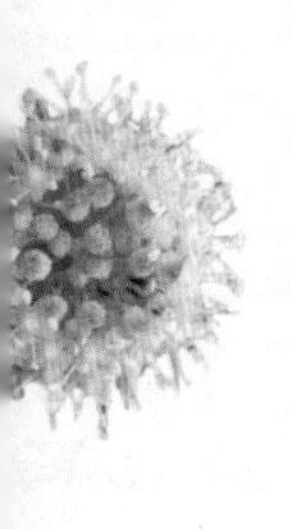

（1）分株繁殖　刺五加母树周围每年可产生幼苗1～3个，刺五加根茎上原本具有大量潜伏芽与不定根，平均每10cm有2.4个潜伏芽和5.3条不定根，但这些潜伏芽中只有少部分可分化为无性系的小株，调查749个潜伏芽中，只有28个可分化为无性系小株，约占潜伏芽总数的3.74%，且大部分为顶芽，这是因为刺五加根茎的顶端优势十分明显。如果给予干扰，则可增加无性系小株的发生。对15条根茎采用切断试验，将15株刺五加按1.2m半径切断根茎，另有15株切断的根茎作为对照，切断根茎的15株共发生的无性系小株24株，未切断根茎的15株只发生2株无性系小株，切断的地下茎所发生的无性系小株比未切断的多12倍。人为有效利用这种方法，不仅不破坏资源，还可以使刺五加种群数量大大提高。

方法：在东北地区早春期间，选刺五加自然分布植株，在其顶芽膨大期前，将其分株挖出，切断其根茎，保留长度为15～20cm，就近移栽到附近适合的林内或移栽到大田中。

（2）分根繁殖　刺五加根系发达，根茎一般分布在地下4～5cm深处，其长度可达7～8m或更长，成龄植株根系粗度可达3cm以上。在东北地区土壤刚刚解冻时，4月中旬至5月初，挖取其根段，剪取具有潜伏芽的部位，长度以12～15cm为宜，粗以8～15mm为宜，每50段捆成一捆，用ABT一号生根粉（或其他植物生长促进剂）50mg/L，浸泡1小时，然后用清水冲洗，在做好的苗床上以行距20cm，横行开沟3～4cm，将根段平摆在沟内压实，覆土3cm，苗床表面覆枯枝落叶或杂草，保持苗床土壤湿润。出苗率可达70%以上，但是，挖取这种段比较困难，7龄的一株刺五加只能截2～4段，生产上成本很高。利用刺五加地下茎段繁育苗木方法，茎段粗度应不小于0.8cm，成苗率达80%以上。

（3）扦插繁殖　刺五加扦插繁育中主要有硬枝扦插与嫩枝扦插，此外还有根茎扦插。

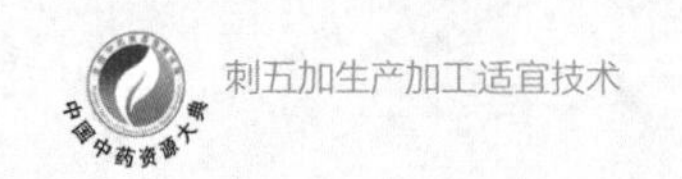

①插穗选择　母树年龄是影响生根的重要因素之一，过小的枝条不易成活，过老的枝条不宜生根。在选择插穗时，一般选取采穗母株在5年以下，2年以上的成熟硬枝条，以选择3～4年生为好。选择生长健壮芽饱满、直径在1cm以上的枝条，用锋利的枝剪刀剪成长15～20cm，有1～2个芽，枝条插口基部剪成马蹄形状。嫩枝选取2～5年老枝当年生半木质化嫩枝条，剪成10～15cm小段，2个有效叶芽为宜，扦插时只保留一个掌状复叶或将全部叶片剪去一半，以减少蒸发量，防止出现萎蔫现象。

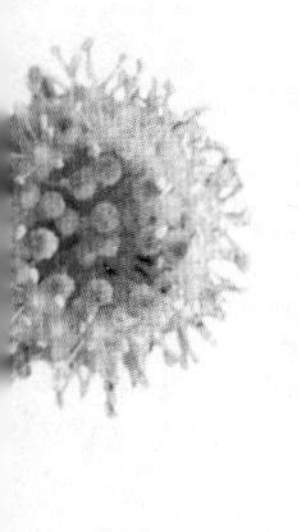

②插穗处理　在黑龙江省，最适宜的嫩枝扦插时间为6月，枝条芽数以3～5个生根最好，半木质化为最佳的木质化程度，最佳扦插深度以1/2深度为宜。为了促进扦插的接穗生根，需要用植物激素进行处理，在刺五加扦插培育中常用的生长调节剂有生根粉（ABT），吲哚丁酸（IBA），萘乙酸等（NAA）。用NAA浓度400×10^{-6}处理的刺五加生根情况最好，生根率达到87%，成活率达到85%。用吲哚丁酸1000×10^{-6}、萘乙酸1500×10^{-6}浸泡1.5分钟嫩枝扦插，生根率分别达到44.3%和35.0%。根扦插激素IBA0.125g/L+NAA0.125g/L混合液浸泡插穗的处理在根插穗进行的扦插试验中，刺五加的生根率较高，其生根率可达86.7%，平均根长4.2cm，平均根数位13.1条。随着扦插段直径的粗度增加，其成活率和苗高都有增加的趋势。在相同的粗度内则以15cm长段比7～8cm长段成活率高，苗木也高。这可能与粗的及长的根茎有较多的潜伏芽与贮存较

多养分有关。

③扦插基质　扦插基质一般采用经消毒后的细河沙、珍珠岩、炉灰渣等较为适宜，用杀菌剂灭菌。常用的浸沾广谱性杀菌剂有以下几种。内吸性杀菌剂，其具有治疗和保护作用，如多菌灵、多霉清、霜疫清、恶霉灵、甲霜灵、甲基托布津、粉锈宁等。非内吸性杀菌剂指药剂，只具有保护作用，不能防治深入植物体内的病害，如百菌清、代森锰锌、福美双等。可用0.5%高锰酸钾喷洒基质进行杀菌，可用多菌灵800倍液对插条进行消毒，萌发生根后，也可喷洒植株杀菌。细河沙和细炉灰均可做为刺五加绿枝扦插的基质，对插条生根、根系发育和移栽成活率无明显差异。

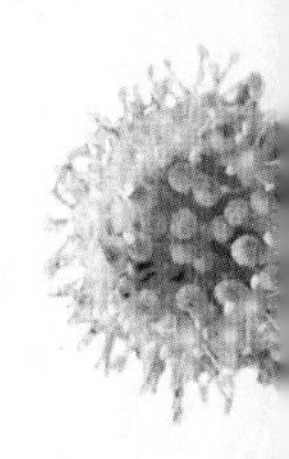

④扦插技术

扦插苗床地的准备

应选用清洁无污染、背风富含有机质的微酸性土壤作为扦插床地，及早进行翻挖整地理床，床长随地块形状而定，床宽90～120cm，床沟宽30cm，床锄细整平后，扦插前用0.1%的高锰酸钾液进行土壤消毒，消毒3～5天后进行扦插。

扦插时间

刺五加扦插，在东北地区可在刺五加休眠期（霜降前后）进行；在黑龙江省，硬质扦插时间在4月下旬至5月上旬，此时幼芽小而坚实，比较容易脱落。

嫩枝扦插时间，应在新生枝条半木质化时进行，具体时间依据不同地区植株生长发育情况。

插穗处理

采用人工催根催芽的方法能使成活率提高达90%以上，具体方法是将插条用废旧报纸、破布等包裹好后，在插条上浇水，再装入塑料薄膜口袋或不透气的口袋中，口袋密封好后将其放置在阴暗处20～25天后，插条上会长出密密麻麻的不定根和腋芽。

扦插方法

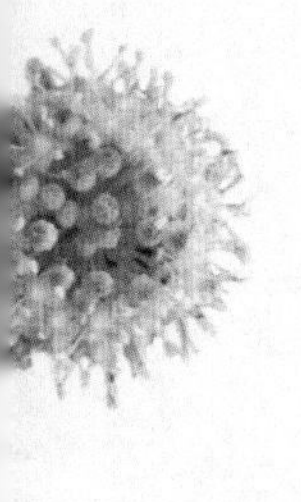

扦插方法：采用直播、斜插、挖沟深埋3种方法均可。

扦插密度：根据目的不同而有所不同，如果是果用，可设行距为1m，株距为0.5m；如果是菜用，可设行距为30cm，株距为10～12cm；如果是育苗，可设行距为10～15cm，株距为5cm。

扦插深度：扦插深度为插条长度的90%～98%，即插条的大部分都插入土壤之中，只露出地面1cm左右，宜深插，以保证插条的水分不易散失。

注意事项：扦插时，一定不要把插条插倒了，并防止劈头、伤芽、折断。

扦插管理

扦插前，首先将苗床浇足底水，开沟深5cm，行距10cm，插条距5cm，扦插后必须一次性浇透水，让土壤与插条基部紧密结合，有利于吸水成活。在插条底部、上部各放1支温度计，以便随时观察温度，最后插床上用塑料搭一小拱棚。

湿度、温度控制：拱棚内空气湿度以80%～90%的相对湿度为宜，土壤湿度以50%～60%含水量为宜，水分过多会导致插条腐烂，保持空气湿度，适当通风。扦插温度10～25℃，最适温度18～22℃，土壤温度高出空气温度3～5℃有利于生根。

扦插后应该用遮阳网进行遮阴，避免阳光直射，大约20天后，待50%左右的枝条生根发叶后，可撤去遮阳网。及时进行病害防治，参照实生苗病害防治。

根外追肥：扦插成活后，插条苗高20～30cm时，可用0.1%～0.2%的磷酸二氢钾或尿素溶液进行2～3次叶面施肥，促进壮苗生长。如图3-7、图3-8、图3-9所示。

图3-7　刺五加硬枝扦插

图3-8　硬枝扦插成活的苗

（4）组织培养　利用组织培养方法，将刺五加成熟的种子、根茎、叶片或茎尖作为外植体，通过外植体诱导产生愈伤组织，再分别诱导芽及根分化，得到完整植株；通过外植体诱导愈伤组织培养，再由愈伤组织内产生体细胞胚，之后再发育成完整植株；利用愈伤组织悬浮培养，使细胞产生代谢产物，从中提取刺五加具有药效的活性物质等方面，都取得了系列研究进展。

图3-9　嫩枝扦插

①外植体、培养基及植物生长激素等条件的运用　外植体是植物组织培养中作为离体培养材料的器官或组织的片段。刺五加组织培养选用的外植体包括根、茎、叶、种胚等，这些都可诱导出愈伤组织。茎尖与腋芽由于本身具有未分化的分生组织细胞，具有生长速度快、繁殖率高等特点，与根或叶片有所不同，茎尖与腋芽可以不经过愈伤组织培养，并且茎尖培养可以得到完整植株。如图3-10所示。

图3-10归纳了目前刺五加组织培养的途径，中间省略继代培养过程，每步培养都需要适合的培养基、适宜的诱导激素、浓度、温度、湿度、光照等环境

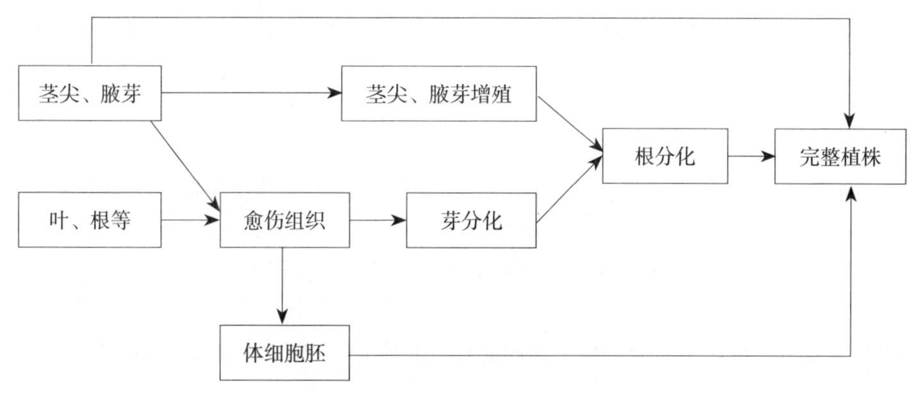

图3-10　刺五加组织培养流程图

条件。可以将整个流程分为三条途径：茎尖或腋芽培养，通过根分化培养出完整植株；普通外植体诱导产生愈伤组织，再分别诱导芽及根分化，得到完成植株；体细胞胚发生。

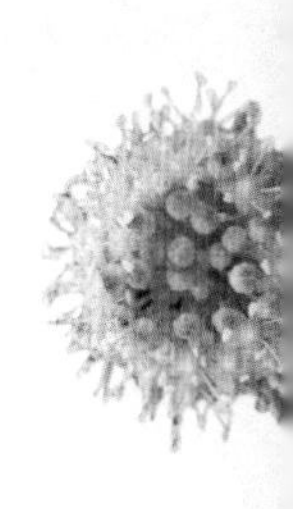

褚丽敏以刺五加腋芽为外植体，通过比较不同的基本培养基（WPM、MS、1/2MS、White）和植物生长调节物质（6-BA、NAA、IAA、IBA）的组合对腋芽诱导、增殖及生根的影响。结果表明，最佳芽再生培养基为WPM+6-BA 1.0mg/L+NAA 0.1mg/L，芽萌发率可达90%；最佳芽增殖培养基为WPM+6-BA 0.5mg/L+NAA 0.05mg/L，增殖倍数为4.8；最佳生根培养基为White+IBA 0.5mg/L+IAA 1.5mg/L，生根率可达85.2%。

郑颖等以刺五加的茎尖为试验材料，刺五加不定芽诱导培养基添加激素种类及其浓度的最佳水平组合为：6-BA 1.5mg/L+NAA 0.15mg/L+IBA 0.1mg/L，其平均诱导率可达87.5%；刺五加芽的继代增殖培养基的最佳水平组合为：

6-BA1.5mg/L+NAA0.1mg/L+IBA0.3mg/L，其平均增殖系数可达5，最佳生根培养基为1/2MS+NAA0.2mg/L，其生根率达80.2%。

张健夫以刺五加的芽为外植体进行组织培养试验，筛选出刺五加的最佳初分化培养基为MS+6BA 1.0mg/L+NAA 0.1mg/L，诱导率达96.6%；继代芽分化培养基为MS+6BA 0.5mg/L+ZT 0.1mg/L分化率为93.3%，芽增值数4.8倍，平均有效芽为100%；生根培养基为1/2 MS+NAA 0.5mg/L，促进芽生根有良好的作用，生根率达100%，平均每株生根数3.1条，平均根长2.7cm；用蛭石+森林腐殖土（1∶1）炼苗较好。

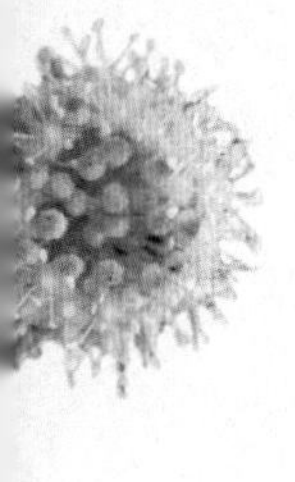

梁建萍以刺五加叶片、叶柄为外植体，以MS为基本培养基，对外源激素种类及其含量浓度的要求不一致。愈伤组织的诱导受6-BA和2,4-D的影响。这两种激素浓度配比相同时，适合于愈伤组织的形成。诱导刺五加叶片、叶柄形成愈伤组织的最佳培养基为MS+6-BA 1.5mg/L+2,4-D1.5mg/L时，诱导率分别为86.70%、46.70%。对叶片和叶柄的诱导率不同，这可能是由于叶片、叶柄相互间组织结构和生理特性存在着差异的原因。最佳分化培养基为MS+6-BA 2.0mg/L+NAA 0.20mg/L，叶片分化率达80.80%，叶柄分化率为53.33%，细胞分裂素类植物生长调节剂有利于愈伤组织芽的分化，愈伤块形成芽丛的情况最好。

朱雪征分别以刺五加一年生茎、叶柄和嫩叶为外植体，在附加不同浓度

NAA和6-BA组合的WPM培养基上进行愈伤组织初代培养，嫩叶为最佳外植体，在WPM+6-BA 0.5mg/L+NAA 0.1mg/L培养基中，诱导率最高达98.2%，褐化率较低；而叶柄和茎的诱导率较低，并出现不同程度的褐化，可能是由于位置效应影响了植物的生理状态，同时不同位置的内源激素浓度不同，致使基因表达不一致的原因，从而形成不同的生长状态。在继代培养时，向培养基中添加500mg/L活性炭，5天暗培养继代10天，能有效降低刺五加愈伤组织的褐化现象，愈伤组织的褐化率最低为12.1%。

活性炭吸附性较强，主要通过氢键和范德华力把有毒物质从外植体周围吸附掉。培养基中添加活性炭可吸附植物分泌的有害物质，但较高浓度的吸附剂同时也会吸附培养基中的有效营养成分，从而影响外植体的正常萌发生长，因此，活性炭的浓度会直接影响到愈伤组织的生长和褐化程度。

②体细胞胚发生　体细胞胚发生是刺五加植株再生一条重要的无性繁殖途径。同器官发生相比，植株发生更快，变异性更低。有关体细胞胚相关研究报道和专利主要来源于韩国，如韩国专利0257991、10-0294656和10-0333555。中国科学院植物研究所的Gui等最早利用刺五加合子胚诱导出体细胞胚，在不含任何生长激素的基本MS培养基上几乎没有体细胞形成，仅在2,4-D（0.5mg/L）培养下1～2个月的合子子叶和胚轴中形成很多微小的浅黄色体细胞胚。邢朝斌研究表明，在来自刺五加合子胚外植体的培养过程中，0.5mg/L 2,4-D对于体胚

的诱导率和产生的体胚数量是最优的，来自萌发3周幼苗的任何外植体，均不能产生体胚。

由香玲认为，实生萌发幼苗下胚轴是诱导直接体细胞胚的最佳外植体材料，体细胞胚的诱导率取决于2,4-D和BA的质量浓度。Seo等研究显示：刺五加用下胚轴的胚根外植体诱导毛状根比单独用胚根培养高，并证明了固体MS培养基加入IAA有利于毛状根的生长和繁殖。

Choi等在成功诱导了胚性愈伤组织并进行了液体悬浮培养、生物反应器的研究。胚性愈伤组织培养是一条有效的、大量生产刺五加的方式。Choi和Jeong进行刺五加的体细胞胚人工种子方面的相关研究，人工种子的生产是在无菌条件下完成的，如何能将其应用于生产实际还需要进一步研究。

二、栽培技术

刺五加自然生长在低山、丘陵落叶阔叶林或针阔混交林的林下或林缘中，喜温暖、湿润气候，耐寒，地下根茎发达，对土壤要求不高，在光照充足的条件下长势更佳。

（一）选地整地

1. 选地

疏林地：选择阳坡，半阳坡，山坡中下腹，土层深厚，土壤肥沃，排水良好，郁闭度为0.3以下，阔叶混交林或针阔混交林。

裸露地：林间空地，退耕还林地及耕地。适宜土壤肥沃、排水良好、光照充足的条件。

2. 整地

疏林地清林：杂草灌木丛生郁闭度为0.3以下的林地，采用宽带清理非目的灌木，割带在4m以上，保留带在3m以内，将割下的灌木堆积于带两侧。

暗穴整地：疏林地造林，适用于土壤湿润，排水良好的山坡地。先铲除草皮，直径为60cm，然后刨穴，直径为50cm，深为20cm，打碎土块，拣出杂物，将土回填入穴内。

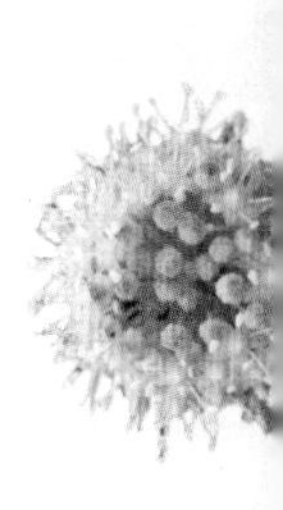

明穴整地：裸地和退耕地，适用于枯枝落叶少，土壤湿度中等的地类，操作上与暗穴整地相同，只是将穴内土壤堆于穴外一侧。

鱼鳞坑整地：适用于坡度较大，干旱瘠薄的地块，穴的长边为60cm，平行等高线，穴宽为40cm，劈土深为20～25cm，外高内低，稍向内倾，呈倒簸箕行。

整地时间：穴状、鱼鳞坑整地均于前一年秋进行。

整地要求：按不同经济植物要求株行距挖穴，穴深度为25～30cm，在穴底部施入农家肥1kg左右并与土壤混拌均匀，施入腐熟好得有机肥900kg/亩。

注：1亩＝666.7m^2。

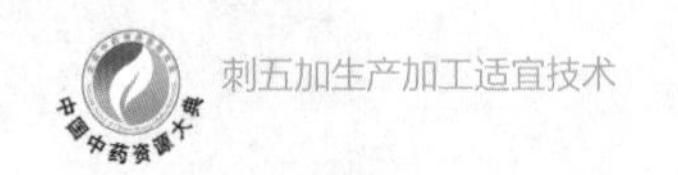

（二）定植

1. 栽植时期

刺五加可采取秋栽或春季栽植，秋栽在土壤封冻前进行，春栽当地表以下30cm土层后顶浆栽植。

2. 栽植密度

根据刺五加用途不同，栽植密度有所不同。以生产嫩茎叶为目的的山野菜、叶茶用的刺五加，栽植时应适当密植，株行距为0.5m×1.2m；以生产果或药用为目的种植时，株行距适当加大，株行距为（0.75～1.0m）×1.2m；也可营造双向经济林，株距第一行1m，第二行0.5m，依次循环栽植，采取隔行短截技术措施，充分利用空间，实行立体经营。

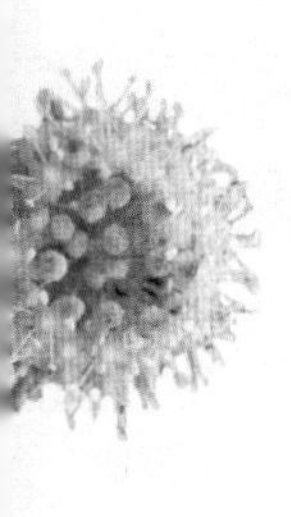

刺五加栽植方法：栽植所用苗木可采用一年生或二年生实生苗。株行距为1m×2m，栽植时要求不要窝根，栽植深度要求埋土深度超过根迹痕1cm左右，轻轻向上提苗后踏实，最后在上面覆一层1～2cm的暄土。由于东北地区春季干燥少雨，栽后可浇水一次。

3. 栽植方法

栽植所用苗木可采用一年生或二年生实生苗。栽植前需对苗木定干，在主干上剪留2～4个饱满芽，剪除病腐根系及回缩过长根系，保留根系长度为15～20cm，然后将苗木浸泡在浓度为1000mg/kg左右生根粉溶液中2～3小时。

苗木经过冬季贮藏或从外地运输，常出现含水量不足情况，这有利于苗木的萌发和生根。

栽植时严格按照“三埋二踩一提苗”操作执行，要求不要窝根，栽植深度要求埋土深度超过根迹痕的1cm左右，轻轻向上提苗后踏实，最后在上面覆一层1～2cm的暄土。由于东北地区春季干燥少雨，栽后浇一次透水。如图3-11所示。

图3-11　刺五加栽植

（三）田间管理

刺五加生长自然条件下虽较耐荫，但在这种条件下生长量较小，在光照充分的地块植株生长量明显加大，为保证刺五加幼苗的快速生长，必须对幼林进行适时抚育管理。

1. 除草割灌

定值当年刺五加萌芽后存在一个相对缓慢的生长期，主要原因是由于根系尚未生长出足够多的吸收根，植株主要消耗自身积累的养分，因此新鞘生长缓慢。为保证苗木生长旺盛，应及时进行中耕除草。

裸地造林全年抚育除草5次以上，第1次除草在造林后10~15天进行，以后及时进行割灌机或镰刀除草割灌抚育，切忌草苗混生，给幼苗以充足的光照，促其健壮生长；裸地造林严禁间种，禁止趟地，以免伤害植株根茎。疏林地造林全年抚育除草3次以上，造林后15天左右进行第1次扩穴抚育，用镐头将原穴面扩大到60cm×60cm以上，为根蘖苗的发生创造有利条件，从而最大限度的增加林地单位面积上刺五加的苗木株数，在扩穴抚育的同时，将造林时覆土过深或过浅的苗木调整到适宜的覆土厚度，以提高造林成活率。疏林地栽植2～3年后，视林分状况和立地条件，要采取透光抚育，主要清除压抑生长的非目的树种和影响幼树生长的灌木。抚育强度结合木材生产实行定量与定性相结合的方法，时间在每年1～11月，3～4年一次。

2. 水肥管理

刺五加喜水怕旱，栽植后，应根据土壤的含水状况适时补充水分。造林地内严禁长期积水，雨季前应及时清理排水沟，如有积水现象，要及时排出。

施肥是增产的重要措施之一，应做到合理施肥，测土施肥，根据肥料的性质和特点施用，才能收到良好的效果。刺五加裸地造林栽植行的两侧隔年施基肥，以优质农家肥为主，每667m^2施肥量不少于2000kg，疏林地刺五加造林地施肥量可相应减半，基肥可常年源源不断地供给刺五加各种营养，并且改善土壤结构。当刺五加的幼芽长出后，应追肥1次。用腐熟的农家肥按穴施用，施肥后应浇水。前3年靠近栽植行沟施肥，第4年以后可在行中间开深30cm沟，施肥后覆土，减少根系损伤，恢复快，省时省工。

刺五加经济林达到丰产期后，需要追肥。植株从萌芽到开花前是需要营养的临界期，也是增产的关键时期，这个时期的追肥常以速效性氮肥为主，同时也要施入一定量的磷肥。第 2 次追肥时期为植株生长中期，时期为 7 月上旬，应以磷、钾肥为主，此时根系出现第 1 次生长高峰，长出大量新侧根。新梢叶片叶面积迅速增大，有利于枝条和果实的成熟，产量高、品质佳，还可提高抗旱、抗寒、抗病能力，不但对当年的产量有利，而且下一年的产量也将会得到保证。施肥量：硝酸铵20～50g/株，过磷酸钙150～200g/株，硫酸钾10～15g/株。随着树体的扩大，肥料用量逐年增加。

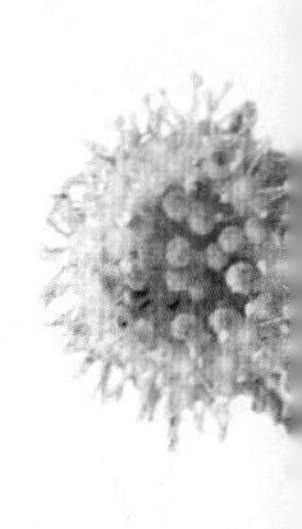

3. 病害防治

疏林地栽植的刺五加，病虫害少有发生。合理的初植密度是主要丰产措施之一。裸地栽植时中后期因根蘖苗发生后株丛较密，通风不良，易发生黑斑病、立枯病等，影响植株生长，此时应注意观察并及时防治。

对刺五加的病虫害防治应采取综合防治策略，尽量少施或不施农药，按刺五加规范栽培（GAP）基本要求，应采用最小有效剂量并选用高效、低毒低残留农药，以降低农药残留和重金属污染，保证中药安全、有效及保护生态环境，不准施用高毒、高残留农药。

防治措施：一是及时清除林地的杂草、灌木，创造良好的透光通风条件，二是轻度发生时摘除病叶，三是药剂喷雾防治。

刺五加黑斑病是刺五加栽培中的主要病害，主要危害叶片，也可危害茎、花梗、果实、种子等部位。叶片上病斑初为黄褐色，后为黑褐色，病斑处干燥易破裂。黑斑病发生严重时可导致整个植株的叶片全部脱落。茎上病斑椭圆形，黄褐色，渐向上、下扩展，中间凹陷变黑色霉层，茎上病斑可深陷茎内，形成疤拉杆子，致使茎秆倒伏。花梗发病后，花序枯死，果实与籽粒干瘪、萎缩形成吊干籽。果实受害时，表面产生褐色不规则形斑点，果实逐渐干瘪抽干，提早脱落。在潮湿条件下，各病斑上生出的黑色霉状物，即病原菌分生孢子梗和分生孢子。

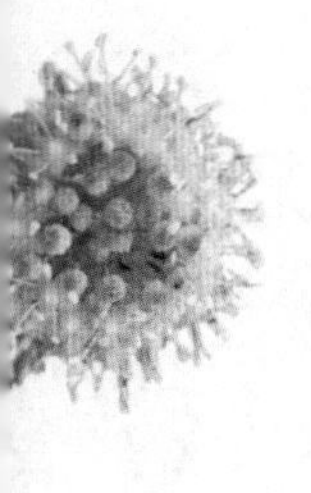

人参黑斑病、西洋参黑斑病、三七黑斑病的病原菌都为人参链格孢（*Alternaria panax* Whetz），而刺五加黑斑病菌尚未鉴定，其一些生物学特性与人参链格孢的差异较大。刺五加黑斑病菌在光照条件下菌落厚，生长较快，黑暗条件下生长较慢；在pH值为6时最适宜生长；对碳源的需求是麦芽糖较适合生长，淀粉和糊精不适合生长；对氮源的需求是尿素不利于二者生长；以上生物学特性与人参链格孢相一致。刺五加黑斑病病原菌的生物学特性及与人参链格孢的区别如下所述。

①温度对刺五加黑斑病菌的生长影响很大，主要表现在菌丝生长的速度上。在5～35℃温度范围之间病原菌均可以生长，其中，较适宜生长的温度范围为20～30℃，最适宜的生长温度范围为25～30℃。而人参链格孢在5～25℃范围内均可生长，其中20～25℃生长最快，当温度高于30℃时生长停止。

②酸碱度是影响刺五加黑斑病菌生长的重要因子，在pH值2～12时病原菌均可以生长，pH值6时最适。而人参链格孢在pH值4～12均可生长，pH值5～9时最适。刺五加黑斑病菌对环境酸碱度的适应性强。

③光照对刺五加黑斑病菌菌落生长有很大的影响。在连续3天日光灯、连续2天紫外灯照射与连续紫外灯照射的光照条件下病原菌的生长速率表现为差异显著，其中连续紫外灯照射的菌落生长势头最好。

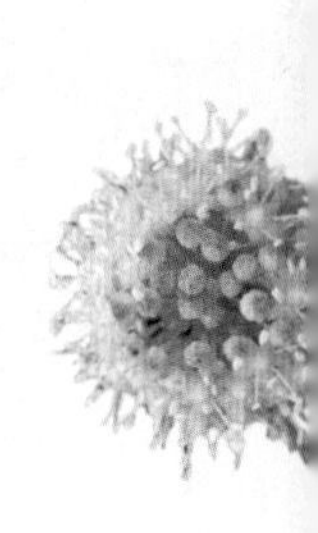

④不同刺五加部位汁液培养基对刺五加黑斑病菌菌丝生长的影响不同。在刺五加根部煎汁培养基和对照处理培养基之间，病原菌的生长速率表现差异显著。即该病原菌刺五加根部的侵染能力较低，这表明在同等侵染条件下，叶片和茎部的发病率应当比根部的发病率高。人参链格孢则是PDA＞参根煎汁＞参果煎汁＞参茎煎汁。

⑤刺五加黑斑病菌对碳源和氮源有明显的选择性。作为碳源，甘露醇、葡萄糖、蔗糖和乳糖最适合病原菌的生长，糊精、果糖、对照较适合病原菌的生长，而淀粉和麦芽糖则最不适合病原菌的生长。作为氮源，硫酸钾和尿素条件

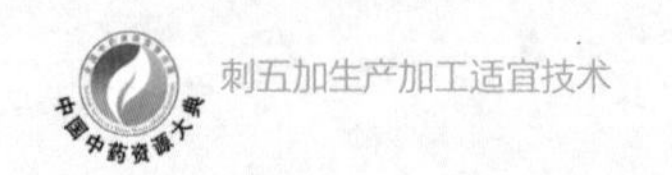

下生长最慢，而丙氨酸、硝酸钾、硝酸钠、氨态氮、天门冬酰胺最适宜病原菌生长，谷氨酸、氯化铵则有利于病原菌的生长。二者对碳源、氮源及作物器官等方面的营养需求有所不同。

⑥刺五加黑斑病菌在不同部位提取液中孢子萌发率由高到低依次为葡萄糖处理＞茎处理＞叶处理＞根处理；而人参链格孢则是根处理＞茎处理＞葡萄糖处理＞叶处理。

⑦刺五加黑斑病菌的孢子在25℃时萌发率最高，高于25℃时，孢子的萌发率快速下降；人参链格孢则是在20℃时萌发率最高，高于20℃时，萌发率快速下降。

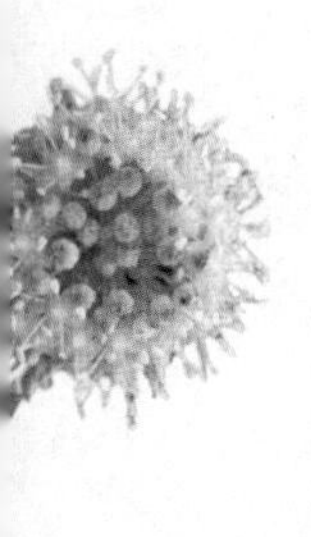

⑧刺五加黑斑病菌在60℃以下均可以生长，高于60℃以上不能生长。人参链格孢在50℃以下均可以生长，高于50℃以上不能生长，刺五加黑斑病菌的致死温度比人参链格孢高出10℃。

刺五加黑斑病可用扑海因50%可湿性粉剂1200倍液或甲基托布津70%可湿性粉剂1200倍液喷雾防治。魏书琴等通过室内药剂毒力测定试验，初步筛选出了对刺五加黑斑病菌有抑制作用的药剂。其中30%福嘧霉悬浮剂、50%扑海因可湿性粉剂抑菌效果最好，30%福嘧霉悬浮剂和50%扑海因湿性粉剂833μg/ml的抑菌率为100%；75%百菌清可湿性粉剂效果较好，在833μg/ml的抑菌率为75%；45%代森铵水剂833μg/ml的抑菌效果较差，但在2500μg/ml时抑菌率较高，为83%；80%乙磷铝粉剂的抑菌效果最差，在2500μg/ml时的抑菌率为52%。

立枯病危害刺五加根及地下根茎，地表根颜色由灰综色变为黑褐色，致使脱皮烂根现象，造成植株死亡。用40%的立枯灵1000倍液或50%多菌灵500倍液，75%敌克松800倍液，喷洒幼苗根部或灌根，每15天喷1次，连续3～4次。

虫害：危害刺五加的病虫害主要为蚜虫和肖木虱虫，可采取综合防制措施，采用40%乐果1000倍液，20%敌虫菊酯，80%可湿性敌百虫粉剂800～1000倍液喷灌。苗期蚜虫较重，可用乐果1000倍液喷雾；肖木虱虫可用20%强龙400倍液喷雾。刺五加苗期主要地下害虫有蝼蛄、蛴螬、地老虎等。它们专食苗根或咬断根茎，危害严重时直接影响育苗生长。发现危害应及时防治。其方法主要是物理防治，如黑光灯诱杀，人工捕捉等。

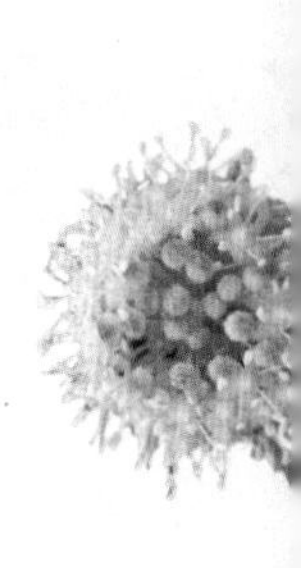

4. 整形修剪

栽植当年的修剪：在5月下旬至6月上旬，选择3～4个生长健壮、位置适中的萌条作为主干培养，其余的萌条全部摘除。

二年生植株的修剪：及时摘除无用萌芽。为使树干的伸展方向及角度合理，为培育“开心型”树冠打好基础，需要拉枝处理，时间在8月上旬枝条半木质化时进行。树干与地面的角度在70°左右较好，并向四周均匀分散伸展。

绑绳与树干之间要有柔软的衬垫物，以防止其损伤树皮。

三年生植株的修剪：栽植后第三年，在前一年秋季落叶后或早春树液流动之前进行适当修剪。根据枝条长势、疏密度及所处位置分别采取短截、疏枝等修剪，剪除病虫枯死的枝条，并清除到林外。

（1）短截　将一年生枝条剪去一部分，称为短截。短截枝条的剪口下必须留有叶芽。短截的作用是加强抽生新梢的生长能力，降低发枝部位，增强分枝能力。根据短截程度的不同可分为轻、中、重度短截三种方式。轻度短截是剪去一年生枝条全长的1/3以下，下年萌发的新梢长势弱，但抽生的新梢数量多，多用于培养中、短果枝用，或用于控制新梢的生长。中度短截是剪去一年生枝条全长的1/2，剪口下均为饱满芽，下年萌发的新梢长势强，抽生强壮新梢数量多，大多用于主、侧枝延长枝的修剪。重度短截是剪去一年生枝条全长的2/3～3/4，剪口下叶芽的饱满程度较差，但因修剪量大，使下一年萌发的新梢长势较强，抽生新梢数量较少，多用于对强壮枝控制修剪。无论哪种短截方式，都要求剪口平滑，且呈马蹄形，距叶芽顶端1cm处。

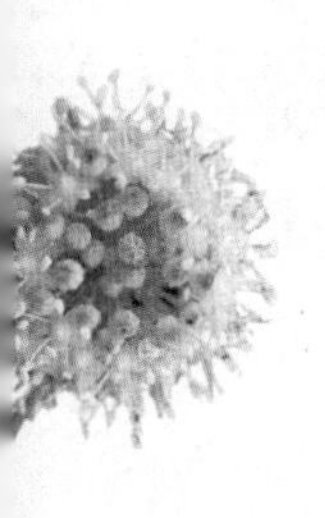

（2）疏枝　把无用的枝条从基部完全疏掉，也称为疏剪。疏枝的作用是降低树冠内的枝条密度，改善通风透光条件，使树体内贮藏的营养相对集中，才有利于新梢的生长；对伤口以下部分的生长起到促进作用。疏枝主要疏除细弱枝、病虫枝、徒长枝、重叠枝和密集遮光的无用枝。疏除下位枝，保留上位枝条，以控制总体树形，保持树体旺盛长势。疏枝时将枝条从基部剪掉，紧贴树干，剪口平滑，并与树干平行。疏枝是修剪中最重要的一项工作，疏枝好坏直接影响树体形状和长势。因此，必须做到取舍得当，疏密适度，均衡树势，才能达到修剪目的。通过短截和疏枝后，把最低分枝点高度控制在70cm左右。在新萌发的侧枝中，选留生长方向与主干方向相同的侧枝继续培养主干，加大树体。并可根据侧枝的数量和疏密程度适当短截，促使其萌发更多新枝。

四年生树体的修剪：四年生刺五加已经达到盛果期，高度可达1.5m左右，应重点剪除枯死枝、徒长枝、细弱枝、重叠枝和平行枝，保持树冠内部通风透光良好，枝条密度适中、分布均匀，使每个枝条都有足够的生长空间。短截时，一定要注意剪口芽的方向，考虑新萌发枝条的生长方向和生长空间。疏枝时不得留桩，剪口紧贴枝干基部。由于刺五加花芽只在当年生的枝条上形成，因此不能在生长期修剪，以免影响植株开花结实。通过本次修剪，刺五加的整体树形和枝条密度基本达到最佳状态，能够达到丰产目的。

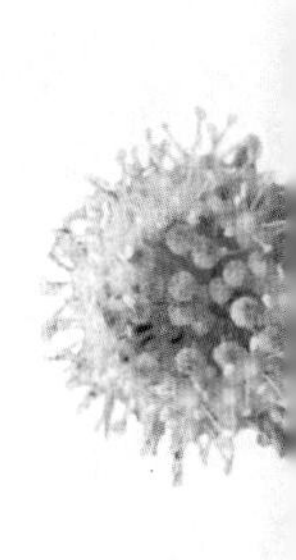

栾景贵等通过刺五加修剪试验，在树高、冠幅、平均单果重及单株结实量等方面都有显著提高。试验区与对照区相比，树高增加27%，冠幅提高23%，平均单果重提高25%，平均单株结实量提高68%，平均每亩产增产996kg。如表3–3所示。

表3-3 试验区与对照区刺五加生长情况调查表

	平均树高/m	平均冠幅/m	平均单株枝条总数（一年生）/根	平均单株结果枝条数量/根	平均单果重量（鲜品）/kg	平均单株结实量（鲜品）/kg	平均亩产（鲜品）/kg
试验区	1.9	1.6	39	35	0.15	5.25	2331
对照区	1.5	1.3	32	26	0.12	3.12	1385

三、采收与产地加工技术

（一）采收

刺五加的根、茎、叶、果均可药用或食用，一年四季均可采收，根据用途不同，刺五加采收时间有所区别。采收刺五加时应注意保留一定数的带芽地下茎，就可自然更新，形成新一代刺五加园。

1. 嫩茎采收

一般在 5 月份进行，采收刺五加的嫩枝，作为山野菜食用。从上年平茬地表处萌发基生枝，将幼茎高25cm左右未形成半木质化时从地表割下，第二茬可照此采割，之后进行正常的田间管理。采割过早会降低产量，产品不合格；采摘过晚芽基会变老，品质下降。采摘时要随采随装入塑料袋中，防止失水变老，最好及时加工处理。可鲜食，也可干制、盐渍、软包装罐头等初加工。如图3-13所示。

图3-13 刺五加嫩茎

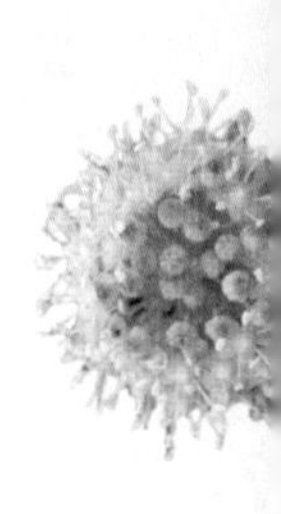

2. 叶片采收

采叶时间是4月中下旬至8月末，采摘刚萌发的嫩叶，嫩叶长3～5cm，嫩叶采摘后可鲜食、盐渍或制成小菜，也是上好的制刺五加茶原料。

3. 根茎采收

刺五加定植3年后即可采收。挖根一般于秋季进行。挖取方法是每年挖树的两个侧面根，不能伤及主根，断根处应距主根20cm以外，选择根径1cm以上的侧根采挖，将挖出的根洗净后剥皮晒干。用根皮的五加皮，在夏秋二季挖取根部，洗净，剥取根皮，晒干后即成；药用根、根茎和茎的，在春末出叶前或秋季叶落后采挖、收取，去掉泥土，切成30～40cm长，晒干后捆成小捆即可，也可采收后切成5cm左右的小段，晒干装袋保存。

4. 果实采收

果实成熟期一般在9月下旬至10月上中旬，当果实为紫黑色时，表示种子成熟，即可采收。采摘的果实晒干后去除枝梗、杂质，装入布袋或麻袋保存。如果保留种子，果实采下后应放在水中浸泡24小时，再将种子揉搓出来，捞出果皮、杂质，用清水漂洗净种子，然后阴干备用。禁止用火炕或烘干箱烘烤，以免将种子烘熟，影响出芽率。如果将其作为干果用，可将果实晒干储存。

5. 种子采收

一般在一般在9月下旬至10月上中旬，种子全部成熟。果实集中采收后，在水中浸泡24小时，搓掉果皮，反复用清水洗净种子，捞出晒干备用。禁止用火炕或烘箱烘烤，以免影响种子发芽率。

6. 全株采收

一般在植株落叶后，土地封冻期，将刺五加平茬，全株备用。如图3–14所示。

图3–14　刺五加浆果采收

（二）产地加工技术

1. 刺五加嫩茎干制、盐渍、软包装罐头加工技术

（1）刺五加嫩茎干制加工技术

水煮　锅内加水烧开（水量要足），加入采集刺五加的嫩茎，加盖后猛火煮沸，水开后揭去锅盖，煮沸3～5分钟后，捞入冷水中冷却至常温，再捞出晾晒。煮制火候很重要，欠火的菜和过火的菜，其出菜率和复原率均低于正常的10%～15%。

晾晒　晾晒场地可铺席子、塑料薄膜或水泥地面，水煮后的嫩茎在晾晒过程中阳光充足时每隔30分钟翻动一次，晾晒中拣出煮过火的菜，掐掉老化根。

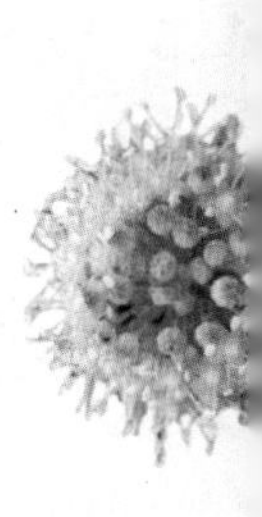

成品要求　刺五加嫩茎干制品菜株完整多皱纹呈卷曲状，含水不超过13%，无黑死菜、无老化根、无异味，不混入杂质菜，无霉变烂菜，无盐卤。

（2）刺五加嫩茎盐渍、软包装罐头加工技术　刺五加嫩茎最好随采随渍，避免过夜。加工前先将刺五加基部切齐。

第一次盐渍：先在容器底铺一层2cm厚的底盐，将切齐的刺五加整齐地摆放一层，再加一层盐，至装满为止，最上层加2cm厚的盖面盐。盖上木盖、压上石头（石头重量与菜的重量比例为1∶1.2～1.5）。盐渍时间为10～15天。第一次用盐量为30%左右。

第二次盐渍：首先把缸上面的菜倒在第二次容器的下面，按盐渍菜重量的

15%投盐（方法同一次盐渍），最后用波美22度的过滤盐水将缸灌满，盖上木盖，压上石头，盐渍10天以上。

装桶：经过二次盐渍的菜便可装桶。装桶前应再用波美22度的盐水洗菜，去除泥土，杂质，切去老化部分，把水控净，将鲜嫩、粗化、绿色、长度在15cm以上的菜放到内衬二层无毒塑料袋的桶内，在上层放上2cm厚的洗涤盐（不少于5kg），灌满波美22度的过滤盐水，扎紧袋口，盖牢桶盖即成。

脱盐：把盐浸过的刺五加加入3倍的清水，浸泡8～14小时，再用清水反复清洗，至清洗池中水清澈透明为止。

护色：把脱盐处理过的刺五加放入含0.05%～0.20%的镁盐，0.01%～0.03%锌盐，0.04%～0.08%钙盐，0.06%～0.10%维生素A，pH值为3.5～4.5，温度为75～85℃的水溶液中，浸泡2～4分钟，然后用清水漂洗2～3遍，沥干表面水后，拌入调味料，可加工成即食类刺五加软罐头，不拌调味料进行保鲜可加工成清水刺五加软罐头。

灭菌包装：为延长刺五加的保鲜保质期，杀菌技术的应用是个关键。既要保持菜质不软烂，又要杀灭微生物，还要保持包装袋不能胀破，采用升温10分钟90℃±5℃，30分钟杀菌，10分钟冷却的灭菌技术工艺。

（二）刺五加叶茶的加工工艺

刺五加茶工厂要求环境应整洁、干净、无异味。加工场地在加工前应全面消毒1～2次，应有卫生部门颁发的卫生许可证。工作人员要有健康证，进入工作场所应该洗手、换衣、换鞋、带帽并保持个人卫生。选择环保型的加工机械设备和传统的制茶工艺生产成品茶。

刺五加叶茶加工工艺过程：

采摘→分类→摊凉萎调→高温杀青→揉捻（轻重轻）→干燥造形→包装→储藏。

①采摘与分类　采摘纯天然刺五加嫩叶，一般在上午10时左右，此时阳光初照，露水已干。选择形态整齐美观、不带叶柄、无斑点、无害虫、有光泽的叶片进行采摘。

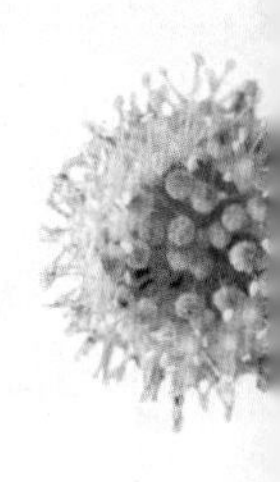

②摊凉与萎调　将采摘的刺五加鲜叶摊放在竹筛上，放置于阳光下20分钟，并轻轻翻动2～3次，当顶叶下垂并失去光泽、水分减少10%左右、手捏有弹性时即可。时间与翻动次数依气候而定，如果是雨天则应在室内进行。

③高温杀青　由于刺五加鲜叶是纸质叶片，杀青温度为200～220℃，杀青时间为5～8分钟，以高温破坏酶的活性。同时，因杀青时叶片中的水分大量蒸发，使叶质柔软，散发出刺五加固有的香味，以利于揉捻成型。

④揉捻（轻重轻）　将刺五加杀青叶片快速放入揉捻机内进行揉捻，采用轻、重、轻的原则，揉捻5～6分钟，使叶片卷成条索，破碎叶细胞挤出汁，黏附于叶表面，易于冲泡。

⑤干燥造形　干燥造形应根据不同造形而掌握干燥时间。根据做珠型刺五加茶的经验，首次干燥温度为150～180℃，时间为3～5分钟，随后次数、温度、时间依包揉需要而定。

⑥包装与储藏　当刺五加茶烘干至含水量为10%左右时要及时进行摊凉1小时，随后立即复火，待含水量烘干至6%～7%时结束干燥。冷却后应选择干燥、避光、阴凉的地方及时包装入库，不能与有异味的产品放在一起，最好在零下3℃左右冷藏，这样可保持刺五加茶的新鲜度。

（三）刺五加根茎加工技术

采收后刺五加根和枝中含有很多水分，易霉烂变质而影响其有效成分的稳定性，降低自身质量及产品质量，此时需及时进行干燥加工。

1. 自然干制

加工场地应清洁、通风并设遮阳棚或防雨棚，也应有防鼠、鸟、虫及家禽（畜）的设备。首先挑选出杂物及虫害植株，洗净泥土，然后将扎成小捆的刺五加放在通风凉棚内自然阴干，层与层之间要有缝隙，使空气可以流动，切忌堆放在不通风的屋内以及潮湿的地方，切勿在阳光下暴晒或雨淋，以免影响产品的质量。

2. 人工干制

可采用烘房干制，一般要求有较大的房间，且有相应的升温设备和通风、排湿设备，门窗需要安装玻璃，干燥速度较快。升温采用电加热升温法，烘房温度为50℃左右，同时要进行通风排湿，烘房内相对湿度60%左右就应打开进气窗和排气筒进行通风排湿，通风排湿的次数与时间因烘房内湿度而定。

秋季落叶后采挖地下根及根茎，除去杂质、泥土等，洗净，稍泡，润透，切厚片，干燥，制成刺五加饮片即可。也可以将其切成30～40cm段，晒干后捆成小捆。剥取根皮，晒干后即成商品五加皮。将干燥后的根茎、枝条装入塑料袋内或用纸箱打包封口。包装记录应记载品名、产地、规格、等级、数量、质量验收人、日期以及登记、挂卡等工作。本品受潮容易变色，宜置通风干燥处。注意防潮、防尘、防虫、防霉、防鼠、防火、防污染及香气走失。

（四）刺五加果实加工技术

刺五加浆果果实早期以自用泡药酒的形式出现，现在有果茶、果汁饮料、果酱、果酪、果冻、果糕、蜜饯、天然食用色素、香精等种类。刺五加浆果果实的开发利用还处于简单原料粗加工的初期阶段，对于其副产品的开发还处在萌芽研发阶段。

何文兵等通过研究刺五加果汁饮料的生产工艺和配方，着重研究如何改善刺五加果汁的风味和稳定性。刺五加果经破碎榨汁，160目滤布过滤，按果汁浓度6%、白砂糖7.5%、柠檬酸0.08%进行调配，在60℃、25MPa压力下均质两次，灌装密封后，在100℃下杀菌10分钟，便可获得营养丰富、风味好、具有

保健作用的刺五加果汁饮料。何文兵等以刺五加浆果为原料，通过正交实验探讨糖酸比、胶凝剂、温度等因素对产品品质的影响。刺五加果糕产品的最佳配方为白砂糖37.9%，柠檬酸2.95%，复合胶中黄原胶2.1%、海藻酸钠2.1%、琼脂1.58%，产品具有独特组织状态、色泽和口感。污染刺五加果糕的主要微生物是交链孢菌和黄曲霉菌。微波灭菌为优选灭菌方法。邵信儒等以长白山野生刺五加浆果为原料提取红色素，研究了温度、光照、pH、氧化剂、还原剂、蔗糖、NaCl、金属离子、抗氧化剂、防腐剂等对刺五加浆果色素稳定性的影响。刺五加红色素对温度、光照、还原剂、蔗糖、NaCl、金属离子Na^{+}和K^{+}、抗氧化剂、防腐剂等影响因素的稳定性均较好；在酸性和中性条件下使用稳定性较好，在碱性条件下不稳定；对氧化剂、金属离子Ca^{2+}、Mg^{2+}、Al^{3+}的影响的稳定性较差。

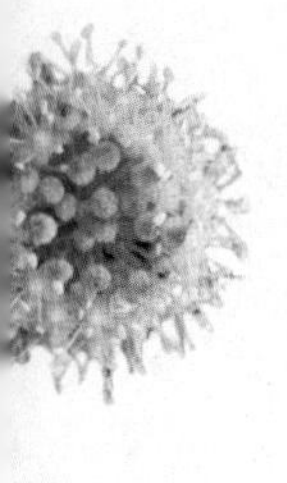

姚慧敏等发明刺五加果饮料及其制备方法。以下述原料按重量比制成，刺五加果：柠檬酸：砂糖：蜂蜜：山梨酸钾：依地酸二钠以50：0.5：10：70：0.25：0.5的比例配制，加水至1000ml。处方中加入了金属离子络合剂依地酸二钠，可有效避免金属离子对刺五加果实色素中花色苷类成分的氧化催化作用，可有效提高产品的稳定性。采用超声提取工艺提取刺五加果实的有效成分，之所用板框过滤用0.22μm滤膜过滤除菌，可避免常规工艺中刺五加果实经加热灭菌处理而造成的刺五加香气物质的挥发及由于加热出现浓重的焦糖味道，保持了刺五加果固有的香气成分，有利于刺五加产品的工业化生产。

利用现代的分离提取及鉴定技术，对刺五加果肉水提物分别采用了萃取、柱层析、重结晶等化学和物理方法，从刺五加果中分离得到的8个化合物，依据理化性质和光谱学分析，可确定其中7个单体化合物的结构，其中有4个化合物是首次从该植物中获得的。通过对刺五加果肉水提物、总皂苷调节血脂生物活性研究表明，刺五加果水提物和刺五加果总皂苷可明显降低高脂模型小鼠血清TC、TG含量，刺五加果总皂苷降低TC、TG值的效果优于刺五加果水提物。

（五）刺五加全株加工技术

全株起挖、全株平茬等可全部用于中药深加工或饮品深加工。果、叶还可用于生产保健品。

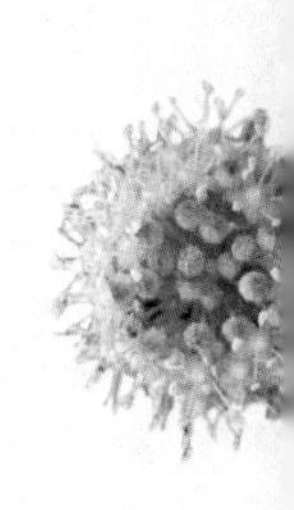

第4章

刺五加特色适宜技术

一、反季节刺五加山野菜栽培技术

经保护地反季节栽培刺五加，刺五加山野菜在春节前和开春时期提前上市，可延长刺五加山野菜的上市时间，增加经济效益。经保护地反季节栽培，刺五加山野菜由15元/千克提高到50元/千克，600m^{2}温室（塑料）大棚产量400kg，产值为20000元，效益十分显著，并且一次栽植多年收益。同时丰富了东北地区冬季季节蔬菜品种。

（一）生产基地的选择

选择日光温室大棚为刺五加栽培基地。要求土壤通气性和保水性好、土粒粗细适中、持水保肥力强。结合翻地施足基肥，每667m^{2}施充分腐熟的有机肥500～1000kg。平整后南北向作畦，畦面宽为1.0～1.2m，畦面深为6～8cm，步道宽为20～25cm，长为20m的畦。用“菌虫一次清”或“菌虫双杀”进行床面消毒。

（二）种苗准备

种苗采用播种繁育的三年生苗，冬季结冻前选择地径1cm以上，无病虫、无损伤、健壮的一级苗，沙藏于阴凉背风处，气温控制在5℃左右，覆盖草帘以保湿。

（三）定植

最好秋栽，在刺五加落叶后到土壤封冻前进行。栽植时取出沙藏的苗木进行修根，截干，干高可在5cm左右，剪除过长及损伤的根系，保留根长为15cm左右。按栽培株行距：（30～35）cm×45cm，每667m^{2}可栽植4500～5500株。栽植深度以微埋保留树干为宜，栽植后浇透水，保持土壤湿润。

（四）苗期管理

刺五加要进行强制休眠。当气温下降到0℃以下时，白天将草帘放开，晚间将草帘收起，增加温室表土层冻结时间和厚度，要求冻土层厚度达到10cm，持续时间15天以上，方可升温。在封冻前浇1次透水。

（五）田间管理

1. 温度控制

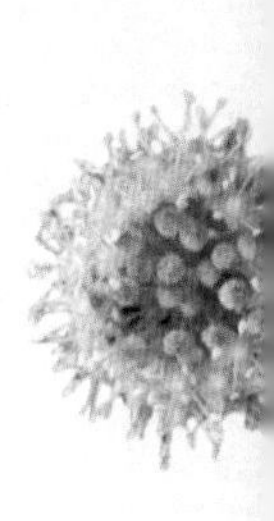

在宽甸地区11月中旬（小雪节气前），日光温室扣塑料膜，日出后揭起草帘，日落前放开，并在温室内生火炉升温，待土壤解冻后，停止升温。嫩茎速生阶段，温室内温度白天保持在21～27℃，超过28℃应及时通风降温，夜间温度不低于10℃；此阶段棚内相对湿度要控制在85%左右，低于此湿度应在温室内喷水或灌水。温度控制十分关键，温度过低、过高都不利于刺五加正常的生长发育。

2. 肥水管理

嫩茎出现前或采收后，在行间开深为6～8cm的沟，在沟内施入充分腐熟的农家肥，用量为5t/hm^2，在农家肥中掺入2%二胺或尿素等化肥效果更好。

3. 中耕除草

本着除早、除小、除了的原则，及时中耕除草，防止发生草荒，影响刺五加的产量和质量。经常松土，提高地温促进生根。拔草和松土时要防止损伤刺五加根系。

4. 病虫害防治

刺五加主要病害有霜霉病、疫病、叶霉病等，应以预防为主。可定期施用霉疫力克、加瑞农、农用链霉素等杀菌剂；主要害虫是蚜虫，可用哔虫林加乐丹混合液叶面喷雾进行防治。在嫩茎采收前1周前不可用药，主要在采收后施药。

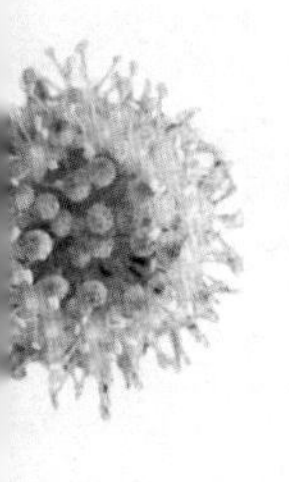

（六）采收

刺五加嫩茎生长期达30天，高度达到15～20cm叶片平卷时可适时采收。采收嫩茎时，在茎基部保留2～3片叶，以利于增加植株的光合作用，每隔7天采收1次，3～4周采收完毕。采后除去杂草，装保温箱待售。

采收后对圃地要及时除草，施肥，方法同苗期管理。一个棚季通常可产3茬嫩茎，平均产刺五加嫩茎2.60kg/m^2，春节期间市场批发价50元/千克，经济效益十分可观。

二、刺五加的速冻加工技术

刺五加可食用部分为其嫩叶嫩芽，且多在春季采收，不利于长期保存，速冻加工后的刺五加，其活性成分可不被破坏，并保持新鲜品质，易于贮藏、运输。

（一）工艺流程

采收与分级→摘选→摆盘→超低温速冻→真空脱水干燥→密封→包装。

（二）加工设备

根据加工工艺要求，需要速冻机、真空脱水干燥机、真空塑料封口机等。

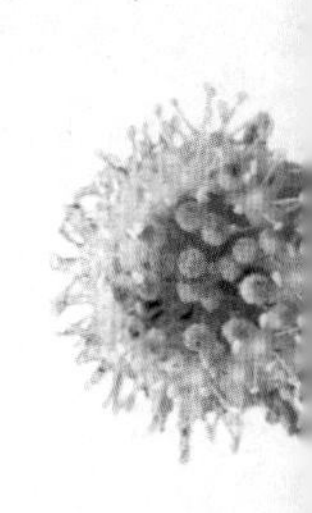

（三）工艺说明

1. 采收与分级

每年的五月份左右是刺五加采集的最佳时节，要根据分级标准进行分级。

2. 摘选

清除刺五加根部和杂草等不符合质量标准的部分，刺五加易于萎蔫，要尽快进行下一道工序。

3. 摆盘

冷冻盘铺上聚乙烯塑料薄膜，将摘选好的刺五加平铺在塑料薄膜上。

4. **超低温速冻**

将摆好的刺五加冷冻盘装入速冻箱中，密闭后开启冷冻机，在速冻箱内速冻3～5小时。

5. **真空脱水干燥**

将速冻后的刺五加迅速移入真空脱水干燥箱中，密闭后开启真空泵，使刺五加的水分含量降到15%左右。

6. **密封包装**

将脱水后的刺五加称重装入包装袋中，真空密封包装，再装入纸盒包装物中即为成品。

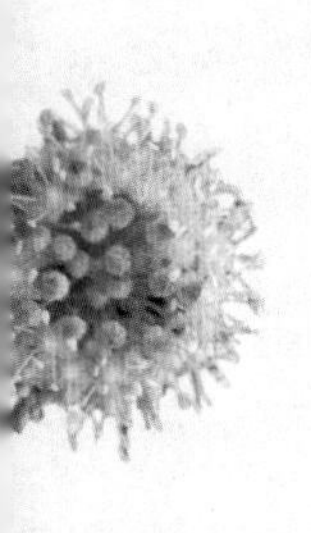

（四）产品质量标准

1. **感官指标**

（1）色泽　具有刺五加的天然色泽。

（2）滋味及气味　具有刺五加原有口味、无异味。

（3）杂质　不允许有外来杂质存在。

2. **量化指标**

（1）净重　500g/袋，允许误差为3%。

（2）微生物指标　无致病菌及其微生物引起的腐烂现象，卫生符合国家标准。

三、刺五加保护、利用与抚育促进更新技术

栽培和野生保护并举是解决刺五加资源问题的两个有效途径，是合理地开发利用刺五加资源的核心。加强野生资源的保护，进行合理开发利用是保护刺五加遗传多样性的有效手段。但是仅依靠资源保护，无法解决刺五加市场供需紧张的矛盾，因此，应根据刺五加的特性进行合理的栽培开发。

（一）合理采收

1. 将地上茎作为主要药用部位

刺五加根和根茎为传统药用部位，其主要活性成分为刺五加苷B、刺五加苷E、异嗪皮啶、绿原酸等，但研究证明刺五加地上茎活性成分含量与根和根茎含量相近，将地上茎作为药用部分可扩大药源，可缓解资源供需紧张问题。

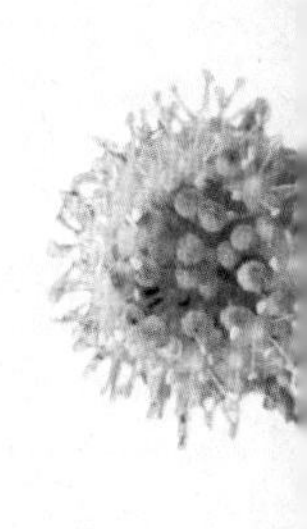

刺五加种群叶构件生物量占总生物量比率随年份增加有下降的趋势，而茎构件和根茎构件生物量占总生物量的比率随年份增加呈上升趋势。随着植株年份的增加，叶片比例减少，而根茎、茎比例增大，生产营养物质不能满足整个植株的生理需要，可导致植株死亡。调查显示野外很少看到12～13年以上的植株。因此可持续开发利用刺五加资源，采集刺五加的老茎。割除地上茎也会促进地下根茎休眠芽的萌发，长出更多新的地上植株，对资源破坏较小。

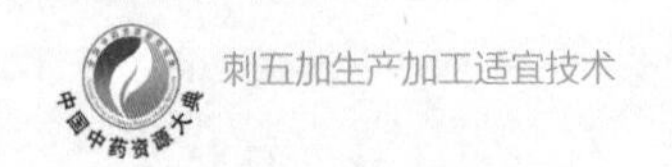

2. **确定合理采收期**

刺五加应在秋季落叶后至春季萌发前采收，主要依据如下所述。

①刺五加的活性成分在7月中旬营养生长期结束，有性生殖生长开始时活性成分含量最低，落叶后至萌发前后含量最高，此时采收可保证药材质量。②落叶后至萌发前采收根和根茎的营养积累最多，割除地上茎，可将对刺五加有性生殖和无性生殖影响降至最小。③采集地上茎对刺五加资源破坏最小，秋冬季叶片脱落时，便于采收，也大大减少去除叶片工序。

3. **禁止采收根茎**

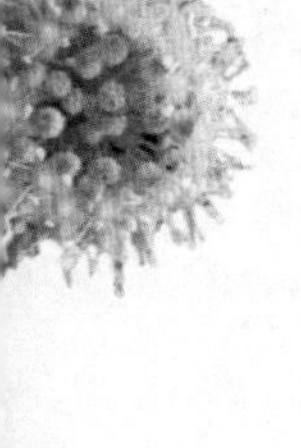

根茎是野生刺五加种群扩增的主要繁殖方式，从可持续生产角度考虑，各个季节应禁止采挖。

（二）加强规模化野生抚育及半野生栽培

在清林过程中，将刺五加作为清理目标的主要原因是该区域的刺五加产业尚未达到规模化程度，资源量过小，采收运输成本过高，未能体现刺五加产业的经济效益。刺五加为国家三级重点保护物种，在清林过程中应将其作为重要保护目标。刺五加资源有效开发必须结合栽培。但是栽培刺五加生产周期较长，产量较低，不易推广。仿生境栽培、半野生栽培等不占用农田，生产管理粗放，成本较低，是刺五加资源保护的发展方向。主产区林业土地资源十分丰富，根据刺五加特性，在刺五加集中分布的区域或半野生抚育区域设立资源保护区，通过人工栽培可增加种群密度。在此区域内，可转变传统林业经营模式，以刺五加为主导，建立相应的管理模式，合理采收，可做到刺五加资源的可持续发展，满足临床应用，从而保护野生资源。

（三）刺五加抚育促进更新技术

刺五加的抚育是指根据刺五加生长特性及对生态环境条件的要求，在其原生境或类似的生境中，人为或自然增加种群数量，使其资源量达到能为人们采集利用，并能继续保持生物群落平衡的一种刺五加仿生态的生长模式。刺五加抚育是野生资源与驯化栽培的有机结合，是刺五加农业产业化经营的新模式。

1. 刺五加抚育的优势

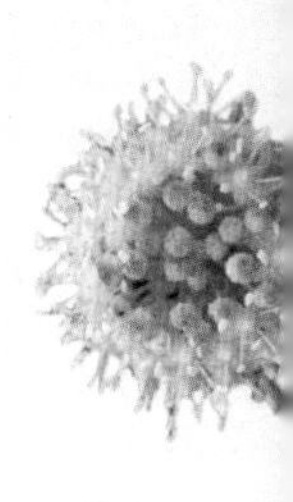

（1）提供高品质的道地野生药材　野生抚育刺五加药材在原生态环境中生长，人为干预少，不易发生病虫害，可远离污染源，产品近乎天然的野生药材，道地性好，质量高。

（2）能较好地保护渐危药材植物，促进中药资源可持续利用　刺五加抚育是刺五加就地保护、迁地保护及栽培三者的有机结合。通过合适的药材采挖方法，种群自然繁殖或及时补种，以实现抚育刺五加种群的可持续发展。

（3）有效保护刺五加资源生长的生态环境　刺五加抚育模式下药材采挖和生产是在生物群落动态平衡的基础上进行的，刺五加抚育基地所有权的专业化克服了野生刺五加滥采滥挖对生态环境的严重破坏，实现了刺五加生产与生态环境保护的协调发展。

（4）有效节约耕地以低投入获高回报　刺五加抚育不占用耕地，只在补种和刺五加生长过程中实施人为干预，充分利用刺五加的自然生长特性，大幅度降低人工费用。刺五加抚育，不需要培育刺五加苗，投入少，见效快，并可结合营林生产同时进行。因此，对于林区发展多种经营和扩展刺五加资源，促进刺五加丰产，具有重要意义。

2. 刺五加抚育方法

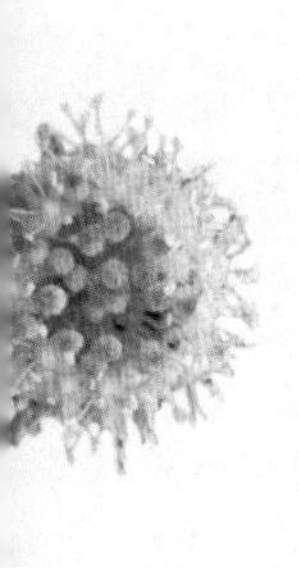

刺五加抚育可以在刺五加种群遭到破坏或没有遭到破坏的基础上进行，目的是增加野生资源的数量，给人们提供可采集利用的刺五加资源，具有直接的经济目的。对刺五加进行抚育时，增加了刺五加的种群数量，改善生物群落中各物种的数量组成特征，有时要对有影响的种类进行清除处理，但不应改变生物群落的基本特征，尽可能保护生态环境。

（1）封禁　封禁是指以封闭抚育区域、禁止采挖为基本手段，促进刺五加种群的扩繁。可把野生刺五加分布较为集中的地域通过各种措施封禁起来，增加种群密度。封禁的措施有划定区域、标示公示牌、人工看护、围封等方式。

（2）人工管理　人工管理是指在封禁基础上，对野生刺五加种群及其所在的生物群落或生长环境施加人为管理，创造有利条件，以促进其种群生长和繁殖。刺五加人工管理措施主要为间伐混交林。

韩忠明等以郁闭度分别为40%、60%和70%的蒙古栎林、针阔混交林和次生杂木林3种生境下野生刺五加种群为材料进行研究。研究表明：①不同生境下刺五加种群个体株高、基径和生物量均表现为蒙古栎林＞针阔混交林＞次生杂木林；随着郁闭度的增加，刺五加种群叶构件生物量比率呈现增加的趋势，而茎构件和根茎构件生物量比率则呈现下降的趋势。②刺五加种群叶绿素a—叶绿素b—类胡萝卜素含量随着生境郁闭度增加呈逐渐增加趋势，而叶绿素a/b却呈下降趋势。③随着郁闭度的增加，刺五加种群的净光合速率、气孔导度、蒸腾速率、水分利用效率、气孔限制值、光饱和点、光补偿点和暗呼吸速率等光合参数均显著降低，而胞间二氧化碳浓度却显著提高。④蒙古栎林下刺五加种群具有相对较高的净光合速率和水分利用效率，从而带动种群各构件旺盛生长，使其个体株高、基径、各功能构件生物量均显著高于针阔混交林和次生杂木林种群；光能不足是限制次生杂木林刺五加种群生长的主要因素之一。因此，在抚育刺五加人工林的过程中，应该充分考虑郁闭度对刺五加种群生长发育的影响，同时还要考虑其他植物对刺五加种群生态位的竞争，并以在郁闭度40%的蒙古栎林下抚育为佳。

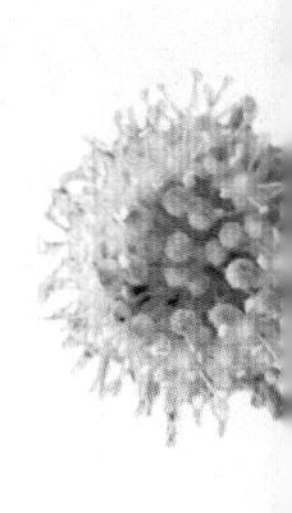

刺五加的新生株（无性系）的多少与其立地条件有直接关系，这与受光量呈正相关；间伐后郁闭度为0.4的样地，新生株数量多，为130株；间伐后郁闭度为0.6的样地，新生株数次之，为117株；对照样地郁闭度为0.8的样地，新生

株数最少，为39株。

刺五加不同栽培环境平均光照强度依次为：农田区＞林缘区＞野生抚育区＞野生自然区，新梢长度、粗度的增长与光照强度呈明显的正相关；抚育、林缘和农田区与野生区相比，新梢粗度分别增加12.5%、25%、37.5%，新梢生长量分别增加25%、50%、91.7%，根蘖平均萌发率：林缘为20%、农田为40%，抚育和野生区根蘖萌发率为8%；对野生刺五加进行人工管护时应尽量改善光照条件，清除周围小灌木及遮光植物，为其生长发育创造良好的生长环境，最低光照应在自然光的50%以上。

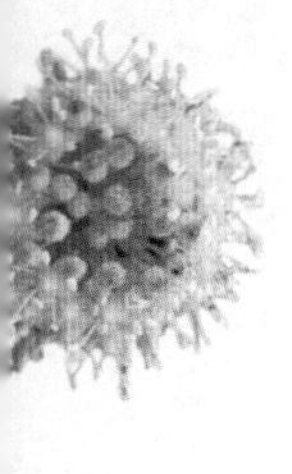

林窗生境是刺五加生长发育的最佳生境，此生境平均光照强度为228.3μmol/m^2·s，在林内生境中光照强度较低，平均光照强度为25.0μmol/m^2·s，而林缘生境的光照强度较高，平均为456.4μmol/m^2·s，此光照强度对刺五加的形态建成有明显抑制作用。林窗生境生物量主要分配给地上部分，林缘生境生物量主要分配给有性生殖，林下生境生物量主要分配给地下部分。孟祥才对不同生境野生刺五加的研究也证明了透光度较低的针阔混交林和次生杂木林刺五加的种群结构处于衰退状态，有性生殖能力很弱，林缘条件较林窗和林内生长好。说明不同生境下刺五加种群分株生物量的差异蕴涵着重要的生长调节和物质分配策略。

因此，调整郁闭度，割灌抚育，选择刺五加自然分布的林地，将上层林冠郁闭度调整到0.3～0.5，割除下层灌木，保留刺五加植株，并将刺五加植株周围的草皮刨去，促进其根蘖的萌发，在2～3年内单位面积株数可增加近3倍。

（3）人工补种　人工补种指在封禁基础上，根据野生刺五加的繁育方式和繁殖方法，在刺五加原生地可采用人工栽植种苗，播种，或带根移栽等方法人为增加种群数量。选择刺五加自然分布的林地，在人工抚育的同时，对生长密集的地块进行就地移栽，或用播种苗补栽，或埋条育苗移栽，同时，加强除草、割灌等田间管理，可促进其健壮生长。

（4）仿野生栽培　仿野生栽培是指在基本没有野生刺五加分布的原生态环境或类似的天然环境中，完全采用人工种植的方式，培育和繁殖刺五加种群。仿野生栽培时，刺五加在近乎野生的环境中生长，不同于刺五加的间作或套种。

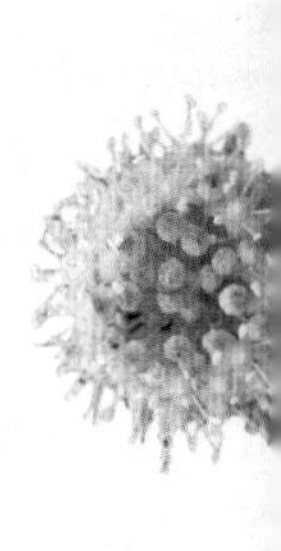

（5）营造刺五加双向经济林技术　营造刺五加双向经济林，旨在以生产果、嫩茎叶为目的的定向培育。确定最佳初植密度，采取隔行短截技术措施，充分利用空间，实行立体经营。

造林地选设：选择肥沃湿润的壤土，农田地田、退耕地。施肥整地：亩施2000～3000kg腐熟的农家肥，翻耙平整。初植密度：选择1～2年实生苗，春、秋两季均可明穴栽植，栽植时比原根迹深3cm左右，随后浇透水一次。采果采菜茎叶隔行种植，行距1.2m，株距第一行1m，第二行0.5m，依次循环栽植，穴栽双株，亩用苗量1664株。株距1m的行留作采集果实，0.5m的行以采集嫩茎菜用。如图4-1、图4-2、图4-3所示。

抚育管理：每年除草抚育3～4次，以人工除草为主，翌年春3月将0.5m株距行内的苗木从地表处短截以促进基生枝萌发，翌春再次短截，栽植后第三年

图4-1　江山娇刺五加经济林（三年生）

图4-2　刺五加果用经济林（三年生）

图4-3　刺五加双向经济林

春季开始采集嫩茎作菜用，采收方法为幼茎高25cm左右未形成半木质化时从地面割下，第二茬可照此方法采割，之后任其生长。第三年后每年追施农家肥一次，可一侧沟施，第二年于另一侧施肥。

（6）营造刺五加混交林　在皆伐迹地营造红松林的同时，带根移栽刺五加，将一至二年生零散分布的刺五加幼小植株在头年初冬带根挖出，根茎长度保留10～15cm，同时在秋整地时，按要求进行穴状整地，来年春天按隔行隔株同时混栽红松、刺五加，公顷密度为4400株。按营林生产规程进行2次、2次、1次、1次、1次的5年7次抚育，4～5年后刺五加根茎进入成熟期，并完成了对红松幼林的庇护作用，可及时采挖收获。另外，在皆伐后的人工林地进行保护刺五加抚育，也可以收到较好的效果。

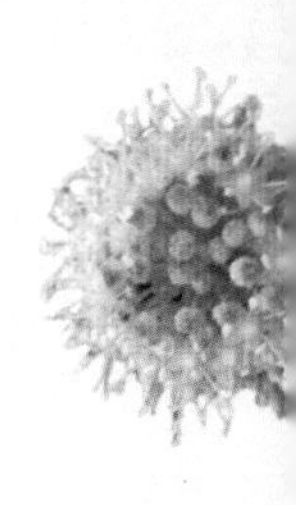

红松与刺五加混交林的造林，要进行秋季土壤整地，尤其是在退耕地上的造林，必须进行秋季整地，增加树坑内熟土层的厚度，提高树坑内的含水量，有利于春季造林成活率和保存率的提高。红松株行距为4m × 5m，在红松树行中间栽植刺五加，刺五加为2.5m × 0.5m。坑穴的规格，红松是40cm × 40cm × 40cm，刺五加是35cm × 35cm × 35cm。退耕还林地，土层较薄，腐殖质较少。水分是限制造林成活率的主要因素，造完林后，应统一进行穴状浇水，要浇深浇透。当水分沉实后，要用表土覆盖树盘保墒，防止春季水分蒸发引起的坑穴干裂透风和根系抽干死亡。当年造林地要进行割场抚育，第一年割3次，分别为7月上旬，8月上旬和9月上旬。有条件的话，在7月中旬追施尿素0.1kg/坑，以加速幼林的生长。混交林成活后，要进行一次底枝修剪，剪除底枝、枯萎枝和劈裂受伤枝；结合管护，对树盘进行1次修整，保证树盘内土壤平整。取土填平冲蚀沟，对倾斜不正的树要扶正，保持林相的完整。混交林地要保证连续3年的割场抚育，才能促进混交林的快速生长，提高经济林的经济效益和生态效益。

营造混交林和抚育造林地时保留刺五加，既保证了造林成果，又促进了刺五加生长。“林药”“林菜”结合，“长短”效益相结合，充分发挥林地生产力，是促进多种经营生产和大力发展林下经济的有效措施。

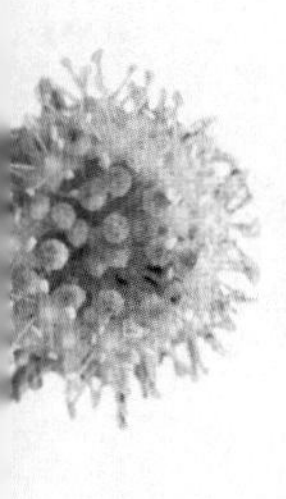

第5章

刺五加药材质量评价

一、本草考证与道地沿革

古代本草未见关于刺五加的单独记载，只记载了五加皮。中药五加皮始载于汉代的《神农本草经》，此后历代诸家本草均有记载。本草考证认为古代药用五加来源于五加科五加属的多种植物，弄清古代药用五加的种类一直是五加本草考证的核心问题。

五加始载于《神农本草经》，名“五加皮”，列为上品，曰：“气味辛、温。主心腹疝气腹痛，益气疗躄，小儿不能行，疽疮阴蚀。一名豺漆。”《名医别录》载名“五加”，曰：“味苦微寒，无毒。主治男子阴痿，囊下湿，小便余沥，女人阴痒及腰脊痛，两脚痛痹风弱，五缓虚羸，补中益精，坚筋骨，强志意。久服轻身耐老。一名豺节。五叶者良。生汉中及冤句。”《东华真人煮石经》载：“宁得一把五加，不用金玉满车。”《憔周巴蜀异物志》载：“以金买草，不言其贵。”可见，自古即将五加作为一种良好的滋补强壮药。

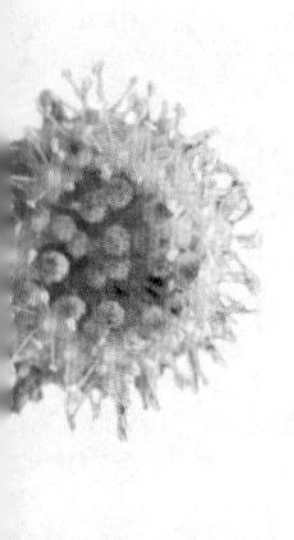

（一）五加科原植物形态

梁·陶弘景（公元452—536年）在《名医别录》中写道：“五加皮五叶者良”。宋代·唐慎微（1108）在《证类本草》记有：“茎叶俱青，作丛，赤茎，又似藤葛，高三五尺，上有黑刺，叶生五枚作簇者良，四叶三叶者最多，为次，每一叶下生一刺，三四月开白花，结细青子，至六月渐黑色。”明·李时珍（公元1518—1539年）在《本草纲目》中记有："此药以五叶交加者良，故名五加，又名五花。"从上述史料可见古代本草描述的五加形态实为五加科五加属多种植物。根据中国古代药用五加豺漆和豺节的别名破译以及考查茎皮颜色和刺型特点，考证出《名医别录》中所载豺节五加即为今之刺五加。

（二）五加原产地的记载及道地沿革

《名医别录》云："生汉中及冤句。"汉中为秦代始设的地名，即为现今陕西省汉中市一带。冤句是前汉始设的地名，即为现今山东省菏泽县。这说明刺五加远在秦、汉之前，就早已为人们所应用，距今至少有二千二百多年，汉中至菏泽相连线的地理位置，正相当于北纬30～40度的北温带。唐・孙思邈（约公元581–682年）所著《千金方》写有五加酒治"虚劳不足"，孙思邈是陕西省耀县人，他除行医外，还辛勤采制药材，足迹遍及太白、终南诸山，并总结了五加有性与无性繁殖法。我们可以认为配五加酒时，孙思邈所用的五加是他亲自采自秦岭太白山和终南山的刺五加。《蜀本草》云："今所在有之。"《图经本草》云："今江淮、南州郡皆有之。"上述历代史料充分说明了汉中及其所处的秦巴山区是古代五加皮的原产地和主产区。而刺五加的现代自然资源地域，还要向北推移。据《中国植物志》记载，刺五加分布于黑龙江、吉林、辽宁、河北和山西等省。朝鲜、日本和俄罗斯也有分布。

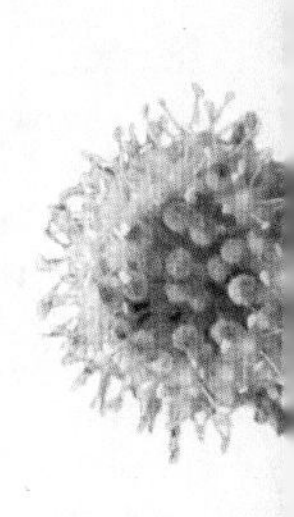

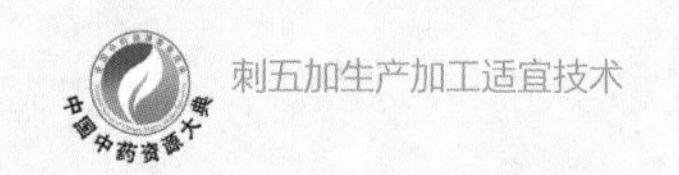

（三）药性与功效

2015年版《中国药典》收载刺五加药性为“辛、微苦，温。归脾、肾、心经”。五加属植物在古代论著中的药性如下所述。

《神农本草经》：五加皮味辛、温。

《名医别录》：五加苦，微寒，无毒。

《药性论》：有小毒。

《医林纂要》：苦微辛，寒。

《四川中药志》：性温、味甘，无毒。

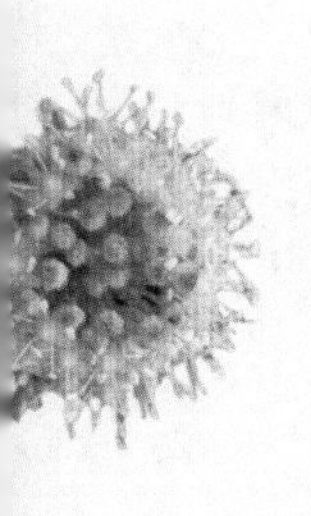

《雷公炮制药性解》：入肺、肾经。

《本草经疏》：入足少阴、厥阴经。

2015年版《中国药典》记载刺五加具有益气健脾，补肾安神之功。可用于治疗脾肺气虚，体虚乏力，食欲不振，肺肾两虚，久咳虚喘，肾虚腰膝酸痛，心脾不足，失眠多梦。

我国最早的药学专著《神农本草经》中记载了五加皮“主心腹疝气，腹痛，益气，疗躄，小儿不能行，疽创阴蚀。”书中首次提出五加具有益气、疗躄的作用。《名医别录》云：“男子阳痿，囊下湿，小便余沥，女人阴痒及腰脊痛，两脚痛风弱，五缓虚羸，补中益精，坚筋骨，强志意，久服轻身耐老。”陶弘景进一步提出五加能“补中益精”“强志意”，长久服用能“轻身耐老”。

宋代唐慎微在《证类本草》引《曾定公》记述："张子才、杨建始、王淑才、于世产等服此酒，而房室不绝，得寿三百年，有子二十人，世世有得服五加酒散而获延年不可胜记哉。"认为五加皮可增强性功能、助得子并使人延年益寿。借孟绰子、董士固之言"宁得一把五加，不用金玉满车"，给予五加高度评价，认为五加皮比黄金美玉都珍贵。但是陈士铎在《本草新编》中提出质疑："近人多取而酿酒，谓其有利益也，甚则夸大其辞，分青、黄、赤、白、黑，配五行立论，服三年可作神仙，真无稽之谈也。此物止利风湿，善消瘀血则真。若言其扶阳起痿，止小便遗沥，去妇人阴痒，绝无一验。"他直言五加皮延年益寿之说只是附会之辞，并表明五加皮只可除湿。李时珍曰："五加治风湿痿痹，壮筋骨，其功良深。仙家所述，虽若过情，盖奖辞多溢，亦常理尔。""时时服能去风湿，壮筋骨，顺气化痰，精补髓，久服延年益老"，可以"进饮食，健气力，不忘事"，可见李时珍已将中药五加皮列为补益强壮药，并对其功效予以高度肯定。《本草从新》言五加皮"辛顺气而化痰，苦坚骨而益精，温祛风而胜湿。逐皮肤之瘀血，疗筋骨之拘挛，治虚羸五缓。阴痿囊湿，女子阴痒，小儿脚弱。明目缩便，愈疮疗疝。"现代医家普遍认为五加皮用量为5～10g，有祛风除湿、补益肝肾、强筋壮骨、利水消肿等功效，可治疗风湿痹病、筋骨痿软、小儿行迟、体虚乏力、水肿、脚气。

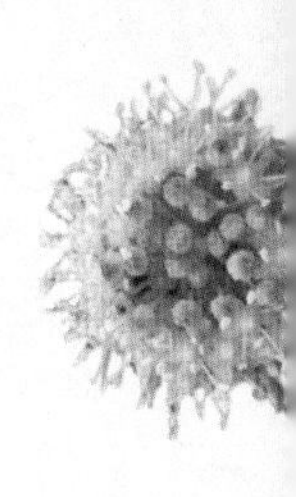

二、药典标准

2015年版《中国药典》规定刺五加为五加科植物刺五加A *can-thopanax seuticosus*（Rupr.et Maxim.）Harms的干燥根和根茎或茎。于春、秋二季采收，洗净，干燥。

（一）药材性状

本品根茎呈结节状不规则圆柱形，直径为1.4～4.2cm。根呈圆柱形，多扭曲，长为3.5～12cm；直径为0.3～1.5cm；表面呈灰褐色或黑褐色，粗糙，有细纵沟和皱纹，皮较薄，有的剥落，剥落处呈灰黄色。质硬，断面黄白色，纤维性。有特异香气，味微辛、稍苦、涩。

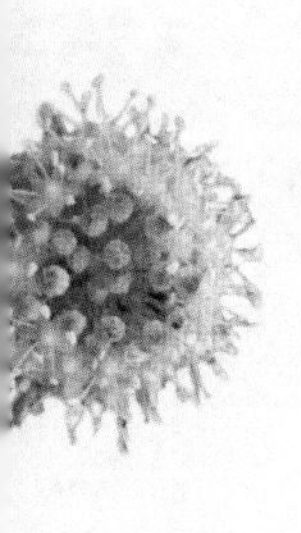

本品茎呈长圆柱形，多分枝，长短不一，直径为0.5～2cm。表面呈浅灰色，老枝呈灰褐色，具纵裂沟，无刺；幼枝呈黄褐色，密生细刺。质坚硬，不易折断，断面皮部薄，黄白色，木部宽广，淡黄色，中心有髓。气微，味微辛。

（二）鉴别

1. 显微鉴别

根横切面：木栓细胞数10列。栓内层菲薄，散有分泌道；薄壁细胞大多含草酸钙簇晶，直径为11～64μm。韧皮部外侧散有较多纤维束，向内渐稀少；分泌道类圆形或椭圆形，径向径为25～51μm，切向径为48～97μm；薄壁细胞含簇晶。形成层成环。木质部占大部分，射线宽1～3列细胞；导管壁较薄，多数个相聚；木纤维发达。

根茎横切面：韧皮部纤维束较根为多；有髓。

茎横切面：髓部较发达。

2. 薄层色谱鉴别

取本品粉末5g，加75%乙醇50ml，加热回1小时，滤过，滤液蒸干，残渣加水10ml使之溶解，用三氯甲烷振摇提取2次，每次5ml，合并三氯甲烷液，蒸干，残渣加甲醇1ml使之溶解，可作为供试品溶液。另取刺五加对照药材5g，同法制成对照药材溶液。再取异嗪皮啶对照品，加甲醇制成每1ml含1mg的溶液，作为对照品溶液。照薄层色谱法（通则0502）试验，吸取上述三种溶液各10ml，分别点于同一硅胶G薄层板上，以三氯甲烷—甲醇（19：1）为展开剂，展开，取出，晾干，置紫外光灯（365nm）下检视。供试品色谱中，在与对照药材色谱相应的位置上，显相同颜色的荧光斑点；在与对照品色谱相应的位置上，显相同的蓝色荧光斑点。

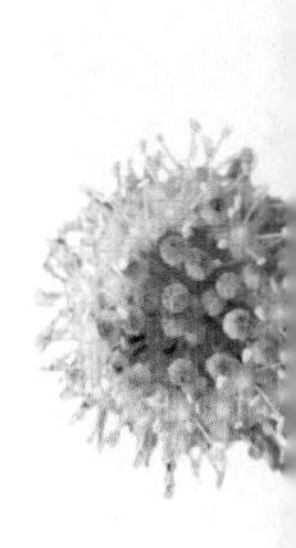

3. 检查

（1）水分　不得过10.0%（通则0832第二法）。

（2）总灰分　不得过9.0%（通则2302）。

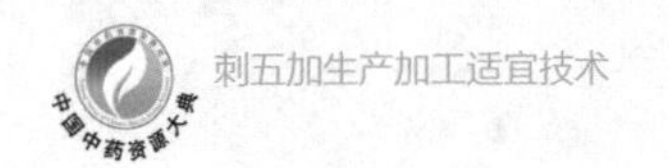

4. 浸出物

照醇溶性浸出物测定法（通则2201）项下热浸法测定，用甲醇作溶剂，不得少于3.0%。

5. 含量测定

照高效液相色谱法（通则0512）测定。

色谱条件与系统适用性试验　以十八烷基硅烷键合硅胶为填充剂；以甲醇—水（20∶80）为流动相；检测波长为265nm。理论板数按紫丁香苷峰计算应不低于2000。

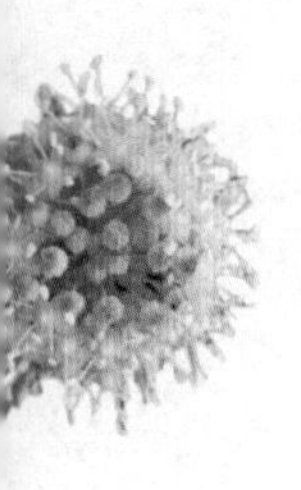

对照品溶液的制备　取紫丁香苷对照品适量，精密称定，加甲醇制成每1ml含80μg的溶液，即得。

供试品溶液的制备　取本品粗粉约2g，精密称定，置具塞锥形瓶中，精密加入甲醇25ml，称定重量，超声处理（功率250W，频率33kHz）30分钟，放冷，再称定重量，用甲醇补足减失的重量，摇匀，滤过，取续滤液，即得。

测定法　分别精密吸取对照品溶液与供试品溶液各10μl，注入液相色谱仪，测定，即得。

本品按干燥品计算，含紫丁香苷不得少于0.050%。

6. 饮片

（1）炮制　除去杂质，洗净，稍泡，润透，切厚片，干燥。

本品呈类圆形或不规则形的厚片。根和根茎外表皮呈灰褐色或黑褐色，粗糙，有细纵沟和皱纹，皮较薄，有的剥落，剥落处呈灰黄色；茎外表皮呈浅灰色或灰褐色，无刺，幼枝黄褐色，密生细刺。切面呈黄白色，纤维性，茎的皮部薄，木部宽广，中心有髓。根和根茎有特异香气，味微辛、稍苦、涩；茎气微，味微辛。

（2）检查

水分　同药材，不得过8.0%。

总灰分　同药材，不得过7.0%。

（3）鉴别 （除横切面外）浸出物、含量测定项均同药材。

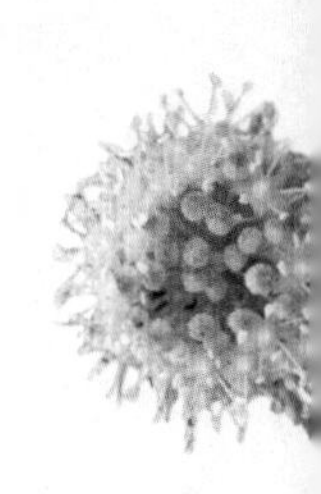

三、质量评价

（一）刺五加的真伪鉴定

1. 显微鉴定

（1）组织构造　刺五加根与根茎的显微特征存在差异。药用部分根多属次生根，由次生分生组织的维管形成层和木栓形成层活动而产生，其表皮与皮层在根粗生长之后，逐渐解体成碎片脱落。这时皮由中柱鞘转变成木栓形成层，细胞可进行平周分裂，向外产生木栓层，向内形成栓内层，三者合成周皮，这时表皮和皮层就被周皮所代替。

刺五加根的周皮由6～7列木栓层细胞组成，细胞呈长方形，平周长为29～39μm，栓内层细胞与次生韧皮部相接。次生韧皮部由韧皮纤维、韧皮薄壁细胞、筛管及伴胞所构成。韧皮薄壁细胞大多含草酸钙簇晶，直径为11～64μm，在横切面上排列成有规则的辐射状行列，并具有细胞间隙和分泌道，分泌道面类呈圆形或椭圆形，在次生韧皮部中均匀分散为3～4列，每个分泌道由4～5个分泌细胞构成，靠根部外围的分泌道直径为30μm左右，中间两列为19～30μm，靠内一列的分泌道最小，直径为13～15μm。韧皮部外侧散有较多纤维束，向内渐稀少。次生木质部由导管、管胞、木纤维和木薄壁细胞构成，木质部占大部分。导管直径为24～49μm，长为259～354μm，导管壁较薄。管胞直径为12～14μm，长为275～324μm。木射线1列，宽为10.52μm，木纤维发达，断面不见髓心。形成层成环，位于次生韧皮部与次生木质部间。

无梗五加根部与刺五加的很相似，其差异在于：①木栓层细胞平周长为22～25μm，较短；②次生韧皮部薄壁细胞间隙更大；③外列分泌道直径约39μm，中列30μm，内列25μm，比刺五加分泌道大，分泌细胞更多，由6～7个分泌细胞构成；④次生木质部导管直径为16～43μm，长为230～310μm，管胞直径为10～12μm，长为250～310μm；⑤木射线2列，宽为24μm。

五加的根与刺五加和无梗五加相近，其差异在于：①分泌道更大，四周由6～8个分泌细胞构成；②外列分泌道直径57～98μm，中列40～56μm，内列24～33μm；③次生木质部导管直径32～56μm，长245～280μm，管胞直径13～14.58μm，长260～345μm。木射线2列，宽24.98μm。

根茎的横切面有髓，且细胞呈类圆形，较大，髓心呈黄白色，少数呈黄褐色；韧皮纤维束少，木质部占绝大部分。

茎的横切面髓部较根茎发达。周皮的木栓层细胞呈扁平状，平周长为29～39μm，切向壁增厚，木栓化，木栓形成层仅一层细胞，栓内层细胞与皮层及次生韧皮部细胞紧密相接，很难区分。皮层最外部为5～6列厚角组织细胞，内部有薄壁细胞7～8列，细胞大而不规则，中部有大液泡，皮层内有裂生分泌道，直径为9.44～32.4μm。每分泌道由6～8个分泌细胞构成。大型薄壁细胞大多含草酸钙簇晶，直径为19.44μm。最外的维管束鞘（厚壁组织）厚39.6～81μm，纤维群（厚壁组织）呈间断的环状排列、维管束之间有髓射线。次生韧皮部由韧皮纤维、韧皮薄壁细胞、筛管及伴胞所构成，其中分散有韧皮射线。次生木质部由导管、管胞、木纤维和木薄壁细胞构成，木质部占大部分。导管直径为9～41.25μm，长为129.5～494.2μm。管胞直径为10～15μm，长为421.2μm。木纤维长为275μm，直径为19.4～20.7μm，壁厚为4.4μm，纤维有隔。木射线由1～3列薄壁细胞构成，贯穿于木薄壁细胞中。髓位于各维管束之中，由等径薄壁细胞构成，四周细胞呈木质化。

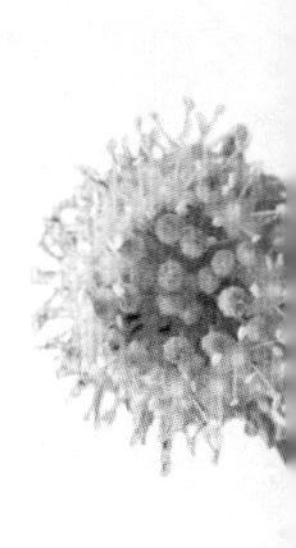

无梗五加的茎与刺五加的很相似，其差异在于：①维管束鞘厚，为

29～35.6μm；②次生木质部导管直径为29.16～32.4μm，长为194.4～402.5μm；管胞直径为11.32～12.96μm，长为194.4～243μm。木纤维长为126μm，直径为11.34μm，纤维无隔。

五加的茎与刺五加和无梗五加相近，其差异在于：①维管束鞘厚，为16.2～29.16μm；②次生木质部导管直径为12.96～35.48μm，长为259.2～405μm；管胞直径为11.34～17.8μm，长为200.6～300.6μm。木纤维长为384μm，直径为17.8μm，纤维无隔。

（2）粉末特征　韧皮纤维长条形，末端稍尖或钝圆，表面可见斜向交错纹理，有的细胞腔具薄横隔，散在纹理，韧皮射线略弯曲，有细胞壁具网状纹理，草酸钙簇晶大而钝，淀粉粒多为单淀粉，导管多为具缘纹孔导管。

2. 易混淆品种

刺五加的易混淆品种主要有与刺五加同属五加科五加属的无梗五加［*Acanthopanax sessiliflorus*（Rupr. Maxim.）Seem.，又叫短梗五加、乌鸦子］和五加科楤木属的辽东楤木［*Aralia elata*（Miq.）Seem.，又叫刺老鸦、刺龙牙、龙牙楤木、刺嫩芽］，地方上常误作药用。他们的生态及性状鉴别特征如下所述。

（1）生境特征　刺五加喜生于山地林下及林缘附近，分布于河北、山西、东北地区；朝鲜、俄罗斯、日本也有。无梗五加喜生于山地溪流两岸，分布于东北、河北地区；朝鲜也有。辽东楤木喜生于阔叶林或针阔混交林缘及灌木从中，分布于辽宁、吉林、黑龙江地区；朝鲜、俄罗斯西伯利亚地区、日本也有。

（2）形态特征　刺五加呈灌木，高1～2m，树皮呈浅灰色，有纵沟并生有多数脆弱的刺，小枝密生针刺。有长果梗，果实果粒分散，种子较多，但质量好的种子较少。掌状复叶、互生；小叶3～5枚，倒卵形或长椭圆状倒卵形，稀椭圆形，长为8～18cm，宽为3～7cm，先端渐尖，基部楔形，边缘有不整齐锯齿，无毛。花序为数个球形头状花序组成的顶生圆锥花序；花多数，无花梗；总花梗密生白色绒毛；萼密生白色绒毛，边缘有5齿；花瓣5枚，浓紫色，外面初有毛，后毛脱落；雄蕊5枚；子房下位，2室，花柱合生成柱状，柱头分离。浆果状核果，呈倒卵球形，长为1～1.5cm，黑色，宿存花柱长达3mm。果期为8～10月。

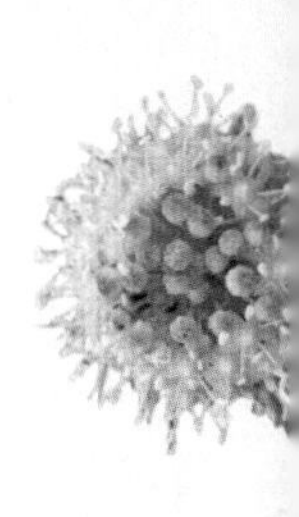

无梗五加为落叶灌木或小乔木，高2～5m；树皮暗灰色，有纵裂纹；枝呈灰色，无刺或散生粗壮平直的刺。掌状复叶；小叶3～5枚，呈倒卵形、长椭圆状倒卵形、稀椭圆形，长为8～18cm，宽为3～7cm，先端渐尖，基部楔形，边缘有不整齐锯齿，无毛。花序为数个球形头状花序组成的顶生圆锥花序；花多数，无花梗；总花梗密生白色绒毛；萼密生白色绒毛，边缘有5齿；花瓣5枚，浓紫色，外面初有毛，后毛脱落；雄蕊5枚；子房下位，2室，花柱合生成柱状，柱头分离，宿存花柱长达3mm。果倒卵球形，长为1～1.5cm，呈黑色，果期为8～9月。

辽东楤木为有刺灌木或小乔木，高1.5～6m，树干灰色不裂，密生坚刺，分支少，直径为6～9cm，小枝呈淡黄色，疏生细刺；叶大，互生，连柄长为40～80cm，为二回或三回羽状复叶，总叶轴和羽片轴通常有刺；羽片有小叶7～11片，基部另有小叶一对；小叶呈卵形至卵状椭圆形，长为5～15cm，宽为2.5～8cm，先端渐尖，基部呈圆形至心形，稀楔形，边缘疏生锯齿，上面呈绿色，下面呈灰绿色。伞形花序聚生为顶生伞房状圆锥花序；主轴短，长2～5cm；花白色；萼边缘有5齿；花瓣5枚；雄蕊5枚；子房下位5室；花柱5个，分离或基部合生。浆果状核果，呈球形，5棱，直径4mm，成熟时黑色，果期为9～10月。

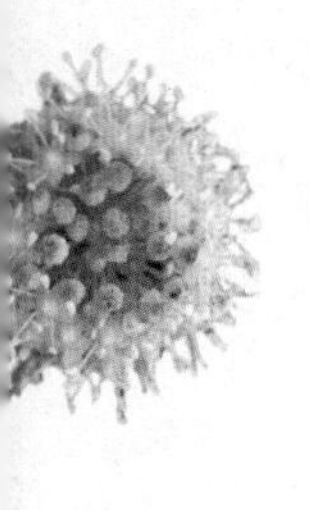

（3）生药性状　刺五加根皮不易剥离，味淡，无香味，外皮呈灰棕色，有纵向不规则的裂隙，内面呈灰白色，质硬不易折断，断面呈纤维性。根多呈弯曲状。

无梗五加根皮易剥离，味淡稍有香味，外皮呈灰褐色，有椭圆形皮孔，较平滑，内面棕色，质脆易折断，断面呈灰白色。根较粗大，须根较直。辽东楤木茎皮和根皮味淡稍苦，功效似人参，有滋补强壮作用，有强心作用。根较刺五加细，呈黄褐色。

（二）刺五加现代质量评价研究

刺五加中含有的主要化学成分是七种刺五加苷（lentheroside）分别为刺五加苷A、B、C、D、E、F、G，其中刺五加苷A俗称胡萝卜苷（daucosterol），刺五加苷B又名紫丁香苷（syringin），刺五加苷类也是与其药理活性相关度最大，研究最多，比较重要的一类化学成分；此外刺五加中还含有刺五加多糖、黄酮、木质素、香豆素类化合物。这些化学成分都也是刺五加的重要活性成分，例如绿原酸、槲皮素和齐墩果烷等；另外还含有脂肪酸、挥发油、微量元素及氨基酸等。目前，关于刺五加的质量评价方法主要有高效液相色谱法、薄层色谱法、红外光谱法、高效毛细管电泳法、分光光度法和原子荧光法等。

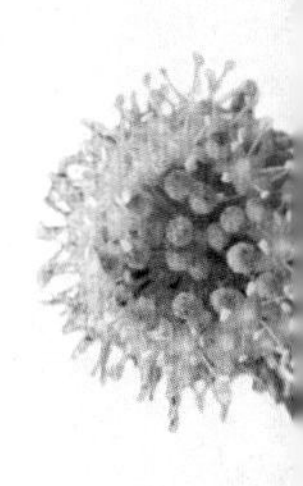

1. 高效液相色谱法

高效液相色谱法在刺五加的质量评价中最为常用，《中国药典》2015年版采用紫丁香苷作为刺五加质量控制的含量测定项，要求按干燥品计算，紫丁香苷含不得少于0.050。采用其他成分或指纹图谱作为评价指标的相关研究也很多。翟春梅等人建立了UPLC-DAD法同时测定刺五加叶中绿原酸、芦丁、金丝桃苷和异槲皮苷四种有效成分的方法，并对9批不同产地的刺五加叶的质量进行了评价，结果表明采用该方法不同来源的药材成分含量差异显著。刘芳芳等采用高效液相色谱法对刺五加不同药用部位中槲皮素鼠李糖苷的含量进行了比较。王琦等采用高效液相色谱对刺五加根中的刺五加苷B和E进行了含量测定，该方法操作性强，重现性好，可作为刺五加药材质量控制的标准。高效液相色谱法也可以应用于刺五加制剂类药物的检测研究，例如，林凯等利用高效液相色谱法对刺五加分散片中紫丁香苷的含量进行了测定；杨红等利用高效液相色谱法检测了紫丁香苷在刺五加胶囊中的含量；赵陶钧等利用RP-HPLC法测定刺五加片中绿原酸的含量，该方法克服了刺五加总黄酮的测定方法准确度低的问题，为刺五加片的质量控制检测提供了新的实验依据。余静等采用HPLC/UV/MS法分别对刺五加药材水溶性和脂溶性成分进行指纹图谱研究，并分别对水溶性成分指纹图谱中5个色谱峰和脂溶性成分指纹图谱中8个色谱峰进行了初步定性，该方法可用于刺五加药材的指纹图谱测定。周慧等对12批不同来源的刺五加叶提取物进行指纹图谱研究，得到了分离度、精密度和重现性均较好的刺五加叶HPLC-UV及ESI-MS指纹图谱，并利用ESI-MS指纹图谱鉴别刺五加叶与山楂叶。

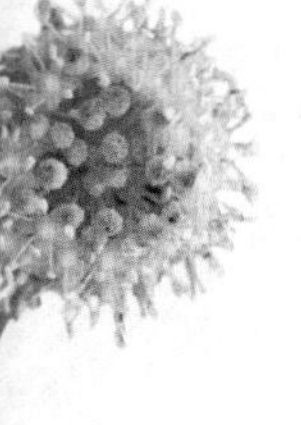

2. 薄层色谱法

《中国药典》2015年版中就采用了薄层色谱法作为作为刺五加质量控制的鉴别项，以异嗪皮啶作为鉴别指标。陈宏昌等以金丝桃苷为指标成分，建立了刺五加叶的薄层定性鉴别方法。李柯等采用薄层色谱法对市售刺五加根、根茎及茎的饮片中的异嗪皮啶和绿原酸进行了鉴别，均能检测出异嗪皮啶和绿原酸。谢新等建立了齐墩果酸和异嗪皮啶的薄层色谱鉴别法，对不同产地刺五加叶的质量进行了定性研究。

3. 红外光谱方法

近红外检测技术、傅立叶红外及其衍生的二维相关红外检测技术目前广泛应用于刺五加的质量检测研究中。

许世泉等利用近红外漫反射检测技术测定了90份刺五加茎皮粉末及其提取液的近红外光谱，并根据相关数据建立样品紫丁香苷含量与近红外光谱之间的数学模型，该实验证明刺五加近红外检测值与化学测试值极具相关性，与实际值充分符合，建立了一种刺五加紫丁香苷的检测方法，该方法具有快速、简便、安全、无污染的优点，为刺五加生产中对紫丁香苷含量检测、评价提供了一种新的思路和模式。王宝庆利用中红外检测技术对不同产地的刺五加进行了红外基团比较分析研究，最终确认了不同产地刺五加红外基团的红外峰位和强度的不同。金哲雄和徐胜艳等采用红外光谱三级宏观指纹鉴定的方法对刺五加不同部位根、茎、叶原药材及总苷提取物的红外光谱图进行了整体的分析，比较了东北道地药材刺五加根、茎、叶总苷提取物的一维谱图、二阶导数谱和二维相关谱图得出三者共有的成分为酚苷类化合物，其中叶中黄酮类成分要高于根和茎。这项研究首次将新型二维光谱技术应用到了刺五加质量检测研究中，并在检测方法上结合了计算机数据处理和图形生成功能，是一种将红外技术与计算机技术和计量数学相结合的检测分析技术。

4. 毛细管电泳法

高效毛细管电泳检测其基本原理是通过施加10～40KV的高压在有缓冲液的极细的毛细管中，进而可以对液体中的离子和带电粒子进行高效快速的分离，主要用于分离和检测分析小分子（包括氨基酸、药物等）、离子（包括有机和无机离子）、生物大分子（蛋白质、多肽、核苷酸和DNA等），甚至各种颗粒（如细胞、硅胶等），分析范围极广。都国栋等采用高效毛细管电泳法测定了刺五加中紫丁香苷的含量，在一定程度上降低了中药复杂成分的干扰，提高了分辨率、灵敏度，并具有快速、低耗、低污染、易清洗等优点。这些都区别于药典规定高效液相色谱法。但由于高效毛细管电泳法重现性比高效液相色谱法差，因此作为刺五加质量控制指标还有待进一步的研究。

5. 分光光度法

分光光度法是最基本的质量检测分析方法，通常称为比色法。杨赞等利用分光光度法测定复方刺五加片中总黄酮含量为总黄酮类活性成分在临床给药治疗中做了参考性试验。杜琨等也成功利用香草醛高氯酸等反应的比色法，测定了吉林长白山刺五加不同提取方法总皂苷的含量。

6. 原子光谱法

原子光谱法主要检测分析金属元素和微量元素的含量，操作简单、快速、灵敏度高。郑志国等利用原子光谱检测法衍生的ICP-AES法测定了种植刺五加、野生刺五加、五加皮中Na、Mg、Se、Pb、K、Fe、Ca微量元素的含量。高月明等利用原子荧光法分析了刺五加为原料的茶叶中重金属砷的含量，该方法也可用于刺五加出口原药的质量监控。

此外于万滢等采用气相色谱/四极杆质谱（GC/qMS）、气相色谱/正交加速飞行时间质谱（GC/oaTOFMS）和气相色谱/傅里叶变换红外光谱（GC/FTIR）多种气相色谱联用技术，对一种陕西产的刺五加茎挥发油的化学成分进行了分析。基于GC/qMS谱库的检索功能，结合GC/FTIR在结构鉴别上的优势和GC/oaTOFMS对质谱碎片离子精确的质量测定功能，成功地实现了对68个色谱组分的定性分析，利用多种色谱联用技术在定性分析上的互补性，可以明显提高对组成复杂的挥发油类样品分析的可靠性。

此外还可采用现代分子生物学技术鉴别刺五加的真伪，如PCR测序技术，测定样品的18S rRNA基因序列，进行DNA序列变异分析，鉴别样本真伪。

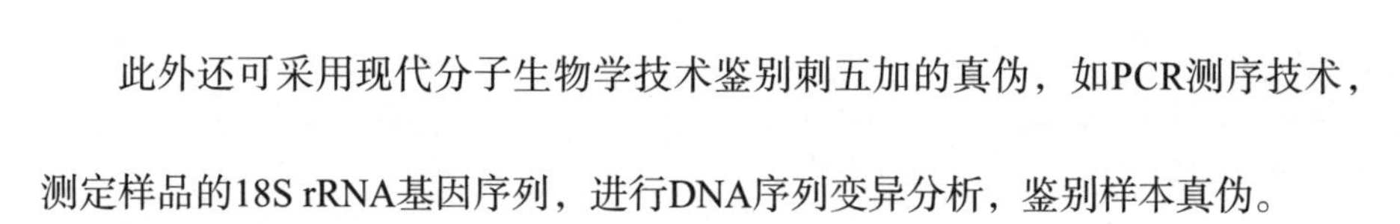

第6章

刺五加现代研究与应用

一、化学成分

刺五加中富含苷类、多糖类、黄酮类、有机酸类等化学成分，根与根茎部分含有黄酮类与苷类，茎、叶、果肉中富含多糖。此外，刺五加还含有多种有机酸、微量元素和矿物质，富含16种氨基酸，其中7种为人体必需氨基酸。

（一）苷类

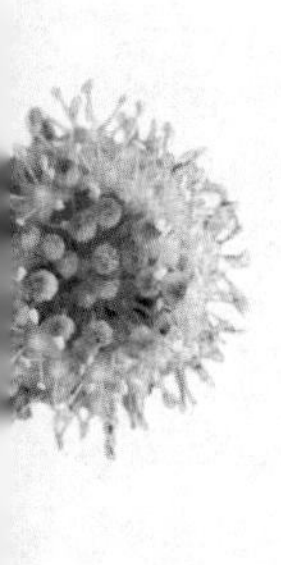

1988年就有学者从刺五加根皮中发现了苦杏仁苷，后从刺五加根中分离出8种刺五加苷（A、B、B_1、C、D、E、F、G），分别为胡萝卜苷（A），紫丁香苷（B），异嗪皮啶葡萄糖苷（B_1），乙基-α-D-半乳糖苷（C），紫丁香树脂酚二糖苷（D和E是异构体），芝麻酯素（F和G是异构体），其中刺五加苷E的生物活性最强。刺五加苷在根中的含量占干药材重量的0.6%～0.9%，在茎中含量略高为0.6%～1.5%。随着对刺五加叶片研究的深入，在刺五加叶中发现了刺五加苷A_1、A_2、A_3、A_4、B_2、C_1、C_2、C_3、C_4、D_1、D_2、D_3、E_2，和以齐墩果酸为配伍的刺五加叶苷I、K、L、M等。以甲醇为浸提液，从刺五加根中分离得到2种三萜皂苷，都为原报春花素A（protoprimulagenin A）的糖苷。利用高效液相色谱—质谱联用技术，发现刺五加根中含有松苷、去羟栀子苷。利用乙醇提取，石油醚、醋酸乙酯萃取刺五加药材，从醋酸乙酯部分分离得到大豆苷、3'-甲氧基大豆苷、紫丁香酸葡萄糖苷、异嗪皮啶。刺五加果肉水提物中可分离得到6，7–二甲氧基香豆素、7–羟基–6–甲氧基香豆素，刺五加茎叶中含有新刺五加酚、刺五加酮、阿魏酸葡萄苷。

（二）黄酮类

刺五加中含有多种黄酮类化学成分，用75%乙醇可提取刺五加药材，依次用石油醚、醋酸乙酯萃取，对醋酸乙酯部分可采用硅胶柱色谱、反相制备色谱等技术进行分离，从中可分离得到槲皮素、槲皮苷、山柰酚、金丝桃苷、芦丁、金合欢素、葛根素、4'–甲氧基葛根素等黄酮类化学成分。

（三）绿原酸

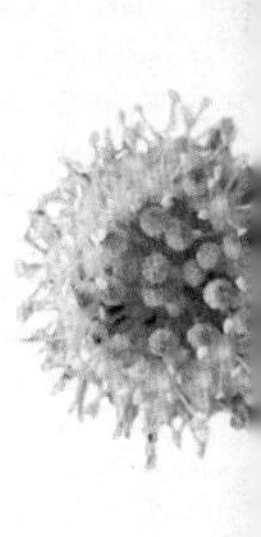

绿原酸是多酚类物质，具有广泛的生物活性。刺五加果中绿原酸含量质量分数为0.010%～0.043%，高于原儿茶酸和金丝桃苷的含量。利用高效液相色谱法测定不同采收期仿生栽培与野生刺五加叶中绿原酸的含量，仿生刺五加叶中绿原酸含量最高达0.899%，野生刺五加叶中绿原酸含量最高可达0.704%。

（四）多糖

刺五加多糖为刺五加免疫活性成分之一。根据多糖溶于水、难溶于极性大溶剂的特性，常采用的提取工艺为水提醇沉，得到的多糖提取液首先应过滤不溶物，然后加入与水互溶但难溶于多糖的有机溶剂，使多糖沉淀，所得多糖提取液可直接或离心除去不溶物，经过反复的溶解与沉析，干燥后即可得到刺五加粗多糖。提取后，常需要对粗多糖进行纯化处理，一般采用分布沉淀法、离子交换柱色谱法、凝胶渗透柱色谱法和分子筛凝胶色谱柱等进行分离纯化。刺五加多糖分为水溶性多糖和碱溶性多糖两大类，含量分别为2.3%～5.7%和2%～6%。刺五加叶柄含有较多的水溶性多糖，占5.069%，水溶性多糖主要由葡萄糖、阿拉伯糖、半乳糖、果糖、鼠李糖、木糖6种单糖组成。刺五加果肉中含有蔗糖，另有学者在刺五加药材种分离得到2,3–二（3′,4′–二甲氧基苄基）–2–丁烯–4–内酯。

（五）有机酸类

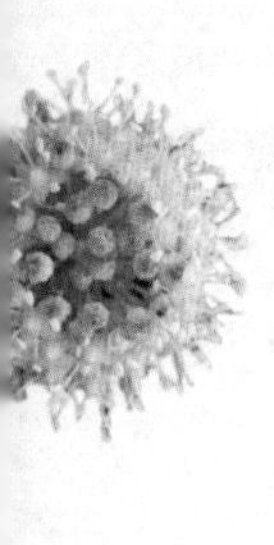

1989年即有学者从刺五加根皮提取物中首次分离得到8种脂肪酸及其酯类化合物，分别是油酸甲酯、油酸乙酯、10,13–十八碳二烯酸甲酯、10,13–十八碳二烯酸乙酯、肉豆蔻酸、棕榈酸、十六碳三烯酸及9,11–十八碳二烯酸。利用UPLC–Q–TOF–MS/MS分析刺五加叶的化学成分，发现叶片中含有绿原酸、咖啡酸、5–对香豆酰奎宁酸、5–*O*–咖啡酰莽草酸、5–*O*–阿魏酰奎宁酸等有机酸，另有研究表明，刺五加茎叶中还含有丁香醛、丁香酸、香草酸、异香草醛、12–羟基硬脂酸、儿茶酚、3–（4–*O*–*β*–D– glucopyranosylferuloyl）quinic acid、rel–5–（1R，5S–dimethyl–3R，4R，8S– trihydroxy –7– oxa –6–oxobicyclo［1，2，3］oct–8–yl）–3–methyl–2Z，4E–pentadienoic acid等其他有机酸类。

（六）氨基酸和微量元素

刺五加叶中含有包括7种人体必需氨基酸在内的16种氨基酸，即天门冬氨酸、亮氨酸、缬氨酸、丙氨酸、甘氨酸、苯丙氨酸、精氨酸、异亮氨酸、丝氨酸、苏氨酸、赖氨酸、络氨酸、组氨酸、谷氨酸、蛋氨酸、脯氨酸；钙元素含量丰富，并含有钾、钠、锰、硅等十余种微量元素。

（七）其他

刺五加全株还含有植物纤维，不饱和脂肪酸，维生素B、维生素C、维生素D、维生素E、*L*–芝麻酯素、*L*–乙酰肉碱、4′–羟基–2′–甲氧基肉桂醛、豆甾醇等其他化学成分。

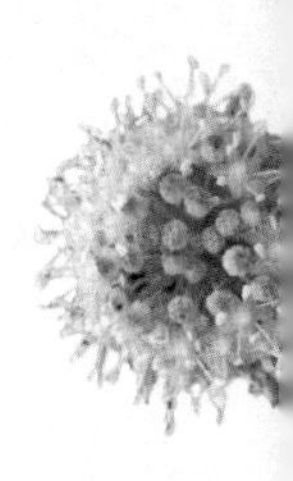

二、药理作用

（一）抗肿瘤

紫丁香苷对人宫颈癌He–la细胞、乳腺癌MCF–7细胞、肺癌A549细胞和前列腺癌PC–3细胞具有明显的抑制生长趋势。刺五加叶皂苷通过抑制人体内肝癌细胞（HepG–2）的有丝分裂以及脱氧核糖核酸的合成，阻止肝癌细胞增殖并促进其凋亡；通过影响肺癌细胞（Spc–A1）内蛋白表达，改变肺癌细胞形态和周期动力学，加快肺癌细胞凋亡；通过促进Ca^{2+}内流，抑制胃癌细胞（SGC–7901）脱氧核糖核酸合成，减缓胃癌细胞增殖。此外在肝癌的发生发展过程中，血管内皮生长因子（vascularendothelial growth factor，VEGF）起到了十分关键的作用，VEGF与肝癌细胞的生长、转移、复发都密切相关；当各种因素导致VEGF表达增加时，可以促进肝癌细胞的血液供应，进而促进肝癌的发生和发展。有研究表明，刺五加皂苷能抑制VEGF介导的肿瘤血管新生，进而抑制肿瘤的生长与转移。另有研究表明，刺五加叶皂苷抑制肿瘤作用机制可能与其控制相关基因蛋白的表达有关，刺五加叶皂苷能促进凋亡相关基因Bax蛋白表达，抑制Bcl-2蛋白表达。

（二）降血脂

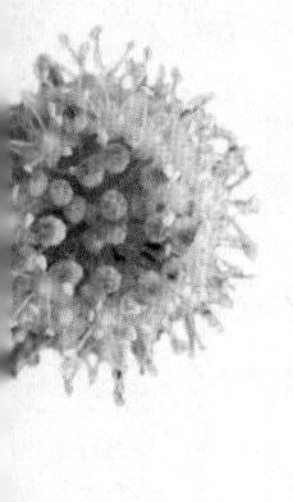

采用高脂饲料诱导大鼠血清血清总胆固醇和三酰甘油增高，用灌胃形式给予大鼠紫丁香苷，发现给予一定剂量持续30天后，大鼠的血清总胆固醇和三酰甘油明显降低，即紫丁香苷能降低大鼠的血清总胆固醇和三酰甘油，具有降血脂功能。

（三）调节免疫功能

研究发现，当用一定剂量的刺五加多糖作用于小鼠后，可以明显地增加其脾脏和肠系膜淋巴结细胞的数目，同时脾脏的白髓和淋巴结皮质的总体积也有所增加。由此说明，刺五加多糖可以增加免疫器官免疫细胞的数目。作为免疫增强剂，刺五加多糖能促进T细胞、B细胞、自然杀伤细胞（NK细胞）等免疫细胞更好地发挥免疫作用，同时可促进白介素、干扰素和肿瘤坏死因子等细胞因子的产生，增强机体的免疫调节能力；作为免疫调节剂，刺五加多糖还可以促进淋巴细胞增殖，使之代谢活跃，功能增强，从而促进机体的免疫功能。

（四）抗氧化

研究认为，刺五加中含有的异嗪皮啶、丁香脂素等化学成分的自由基清除能力优于维生素C，即刺五加中的物质具有较好的自由基清除活性。有试验表明，当给大鼠口服刺五加苷E两个月后，检测大鼠肝、脑细胞中过氧化脂质的水平，发现过氧化脂质的水平降低了，同时血浆中超氧化物歧化酶的活性提高了，说明刺五加苷E能够增强机体的抗氧化能力。

（五）抗抑郁

单胺类递质假说是抑郁症发病的重要假说之一，抑郁症及其导致自杀行为的生物学基础主要是单胺类递质出现异常，尤其是5-羟色胺（5-hydroxytryptamine，5-HT）系统。研究发现抑郁症患者蓝斑的酪氨酸羟化酶（tyrosine hydroxylase，TH）免疫阳性神经元显著减少，说明抑郁症与TH活性关系密切，同时大脑内TH的活性影响多巴胺、去甲肾上腺素的生成，TH活性降低会导致此类神经递质的减少。色氨酸羟化酶（tryptophan hydroxylase，TPH）作为5-HT合成的关键酶，负责催化L-色氨酸向5-HT转化，是5-HT合成过程中的限速酶，其活性直接影响5-HT的代谢功能。有研究发现，3种不同剂量（300mg/kg、600mg/kg、1200mg/kg）组的刺五加胶囊均可明显升高慢性不可预见性轻度应激（chronic unpredictable mild stress, CUMS）模型大鼠海马组织中TH、TPH蛋白和mRNA表达，说明刺五加可能是通过调节TH、TPH表达从而影响脑内单胺类递质的含量，发挥抗抑郁作用。

（六）镇静、抗应激刺激

刺五加具有增加中枢神经的抑制过程作用，能够对抗印防己毒素导致的惊厥，并可防止癫痫发作。研究发现，刺五加提取物与戊巴比妥钠等麻醉剂有协同作用，能够促进小鼠改善睡眠。对于应激反应的“衰竭期”，刺五加可阻止肾上腺缩小、胆固醇降低，并使胸腺、脾脏、肝脏、肾脏和心脏的重量相对降低，阻止应激反应“警戒期”所特有的解剖及化学改变，并延长应激反应的抵抗期，提高机体解毒能力，并促进机体抗感染的能力。

（七）抗疲劳

分别给大鼠和小鼠注射紫丁香苷，并以注射等量的生理盐水为对照。通过大鼠、小鼠进行负重游泳和爬绳运动，比较发现，注射紫丁香苷具有较强的抗疲劳作用。另有研究表明刺五加总苷能够增强乳酸脱氢酶活力，有效降低运动后血乳酸水平，同时可增强腓肠肌收缩力，延长疲劳时间，有效对抗人体运动后疲劳。

（八）对糖代谢的影响

紫丁香苷可以增加从肾上腺髓质分泌的β-内啡肽，刺激阿片受体导致大鼠在缺少胰岛素的情况下血糖降低，并且使糖尿病大鼠的血糖水平呈剂量依赖性减少，具较好的降糖作用。紫丁香苷能够提高Wistar大鼠从神经末梢释放乙酰胆碱的量，通过乙酰胆碱的影响从而降低了血糖。刺五加叶皂苷能够使Ⅱ型糖尿病大鼠空腹及口服葡萄糖后的胰高血糖素样肽-1（GLP-1）分泌升高，提高糖尿病大鼠超氧化物歧化酶在肝和胰腺的活性，从而增强胰岛素分泌，使血糖水平下降。

三、应用

（一）临床常用

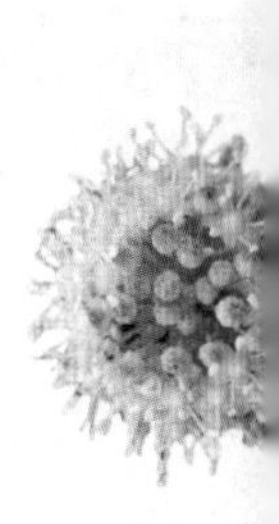

刺五加自古被视为具有添精补髓及抗衰老作用的良药，我国历代药著中对刺五加已有论述。汉代的《神农本草经》将刺五加列为上品，上品乃指无毒，久服可以轻身、延年益寿而无害的药品；《名医别录》认为五加有“补中，益精，坚筋骨，强意志”等功效。当代医学认为刺五加可益气健脾，补肾安神。

1. 功效

（1）健脾补肾，宁心安神　《实用补养中药》一书中记载刺五加属于补气药，具有补虚扶弱的功效，可用来预防或治疗体质虚弱之症，滋补强壮，延年益寿。

（2）祛风除湿，利水消肿　明代李时珍在《本草纲目》中记载：“五加治风湿，壮筋骨，其功效深”；《生草药性备要》记载“熬跌打，消肿痛”。

2. 临床运用

（1）用于肝肾不足、腰膝酸痛、脚膝痞弱无力、小儿行迟等症。本品能温补肝肾、强筋健骨，可用治肝肾不足所致腰膝酸疼、下肢痞弱以及小儿行迟等症，常与牛膝、木瓜、续断等药同用。

（2）用于水肿、小便不利。本品能利水消肿，治水肿、小便不利，常配合茯苓皮、大腹皮、生姜皮、地骨等药同用。

（3）用于风湿痹痛，腰膝酸痛。本品功能祛风湿，又能补肝肾，强筋骨，可用于风湿痹痛、筋骨拘挛、腰膝酸痛等症，对肝肾不足并患风湿者最为适用，可单用浸酒服用，也可与羌活、秦艽、威灵仙等配伍应用。

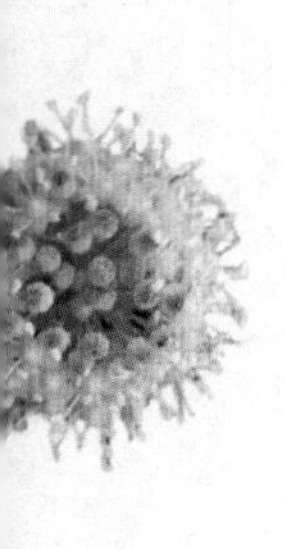

（二）现代医学应用

1. 保护心脑血管系统

刺五加可扩张血管，改善微循环、高脂血症和高黏血症的血液流变特性，临床上用于调节血压，治疗冠心病。曾有学者选取123例中老年高脂血症患者，用刺五加注射液100ml加入5%葡萄糖溶液250ml中静脉滴注，每日1次，连用10天为1个疗程，连续使用3个疗程。检测服药前后的血脂水平，并随访患者2个月内的所有不良反应。结果表明，用药第3疗程末与治疗前相比血清总胆固醇（TC）、三酰甘油（TG）、低密度脂蛋白胆固醇（LDL-C）、TC-HDL-C/

HDL-C明显上升。第2疗程末，仅2例患者出现一过性血ALT轻度升高，1例患者出现轻微上腹不适，均未终止治疗。这说明刺五加注射液治疗中老年人高脂血症效果明显，不良反应轻微。有研究报道合理服用刺五加片能够治疗人们在高原从事户外工作而引起的低血压症状。患者服用刺五加片治疗90天后，收缩压可明显上升。在临床上使用刺五加注射液对脑血栓患者进行治疗，发现疗效显著，且患者无不良反应，说明刺五加对于脑血管疾病治疗的安全有效性。我国血管性痴呆的患病率在老年痴呆症病群组中排第二位，刺五加注射液联合盐酸多奈哌齐在对血管性痴呆的治疗过程中，其治疗后的比较推理、类同比较、抽象思维、系列关系均优于胞二磷胆碱注射液治疗组；治疗后的图形再认、联想学习、人像特点回忆、指向记忆也都优于胞二磷胆碱注射液治疗组，此临床观察结果表明刺五加对血管性痴呆的治疗具有积极作用。

2. 增加免疫，抵抗疲劳

刺五加具有增强免疫系统、恢复非正常低血压、改善循环系统的作用，使紊乱的糖脂代谢正常化。刺五加提取物对治疗获得性免疫缺陷综合症（AIDS）的早期阶段有很大帮助，因此，刺五加被用于治疗与免疫相关的多种疾病，可通过提高一定数量的助手细胞和细胞毒素T-细胞的协作作用来减缓病毒的扩散。刺五加苷能刺激精神和身体活力，提高机体敏锐度和物理耐力。改善运动肌肉对氧的使用，可维持更久的有氧运动并使机体更快地从运动疲劳中恢复过来；能显著提高机体耐常压及耐低压缺氧能力，减轻寒冷、灼热等对机体的伤害。

3. 控制血糖

用刺五加茶喂食糖尿病模型小鼠，刺五加组小鼠血糖较试验前显著降低，即刺五加茶能降低四氧嘧啶所引起的小鼠高血糖，具有减弱四氧嘧啶对胰岛β细胞的损伤或改善β细胞的功能。刺五加叶皂苷能明显降低实验性II型糖尿病大鼠的高血糖，降低糖尿病心肌过氧化脂的含量，并可改善II型糖尿病大鼠的心肌病变。

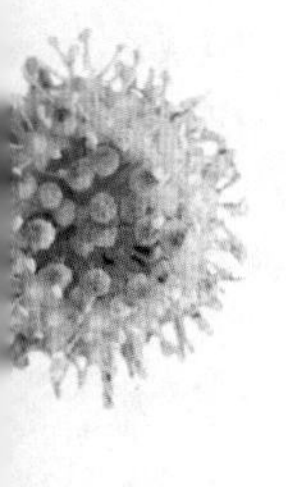

4. 抑郁症治疗

临床使用刺五加配伍栀子治疗老年抑郁障碍患者，5例患者分为观察组（刺五加配伍栀子）和对照组（逍遥散），观察组治疗有效率91.67%，显著优于对照组，且汉密尔顿抑郁量表评分、汉密尔顿焦虑量表评分等均显著低于对照组，这说明二药配伍应用可提高老年抑郁障碍的临床疗效，缓解其负面情绪。刺五加合并碳酸锂治疗青少年抑郁障碍，以氟西汀合并碳酸锂作为对照组，结果显示，治疗6周后两组患者的汉密尔顿抑郁量表评分均较治疗前显著降低，疗程结束时两组显效率和有效率无显著差异，且不良反应弱，这说明刺五加联合碳酸锂对青少年抑郁障碍有较好疗效，且不良反应少于氟西汀联合碳酸锂。

5. 安神助睡眠

安神解虑颗粒用于治疗广泛性焦虑症，刺五加为此颗粒中一味主要中药材，紫丁香苷、刺五加苷E等刺五加中的化学成分在安神解虑颗粒中能够被测得。通过给药实验小鼠，发现刺五加水煎液能够改善睡眠，其催眠作用的起效天数为连续给药5天，连续灌胃7天与戊巴比妥钠协同作用疗效最显著。将160例具有不同程度失眠的患者分为对照组和治疗组，治疗组在对照组给药基础上加用5%葡萄糖（GS）250ml刺五加注射液，治疗组治愈47例，治愈率为58.7%；好转27例，好转率33.7%；无效6例，总有效率为92.4%；56例病人第一个疗程结束后，症状已有明显改善；27例病人第二个疗程结束，安定类药物依赖基本消除。刺五加总苷神阙穴位贴敷能调节机体应激反应水平，减轻长时间睡眠剥夺所致的抑郁情绪，缓解疲劳感，具有对抗睡眠剥夺作用。

6. 辅助治疗

在治疗抑郁症、脑血栓、高血脂、低血压、冠心病、糖尿病等病症中，刺五加具有调节病理过程，使之趋于正常化的作用。如刺五加用于治疗食物性或肾上腺素高血糖时，有降低血糖的作用（可用于治疗轻度或中度的糖尿病患者），而用于治疗胰岛性低血糖时，又能升高血糖。刺五加对白细胞、红细胞数目及甲状腺的改变也有此种“正常化”的作用。在临床上刺五加常用于苯中毒、X射线工作者及化疗后白细胞减少症的治疗。刺五加还能刺激人体的内分泌系统及网状内皮系统，从而促进人体血小板和白细胞的生成，提高人体的免疫力和抗炎功能。

（三）保健及食疗

1. 药品

刺五加为《中华人民共和国药典》收载药材，具有优良的药用价值，《中华人民共和国药典》收载的以刺五加为主要成分的中成药主要有以下几种。乙肝益气解郁颗粒，用于肝郁脾虚型慢性肝炎，此型肝炎症见胁痛腹胀、痞满纳呆、身倦乏力、大便溏薄、舌质淡暗、舌体肿或有齿痕、舌苔薄白或白腻、脉沉弦或沉缓。北芪五加片，用于心脾两虚、心神不宁所致的失眠多梦、体虚乏力、食欲不振。利肝隆颗粒，用于肝郁湿热、气血两虚所致的两胁胀痛或隐痛、乏力、尿黄。刺五加片（刺五加胶囊），用于脾肾阳虚，体虚乏力，食欲不振，腰膝酸痛，失眠多梦。刺五加脑灵合剂，用于心脾两虚、脾肾不足所致的心神不宁、失眠多梦、健忘、倦怠乏力、食欲不振。刺五加颗粒，用于脾肾阳虚，体虚乏力，食欲不振，腰膝酸痛，失眠多梦。微达康口服液，用于肾虚所致体虚乏力、失眠多梦，食欲不振，肿瘤放疗、化疗引起的白细胞、血小板减少，免疫功能降低下而出现上述证候者。此外还有刺五加粉、刺五加口服液和刺五加浸膏等。

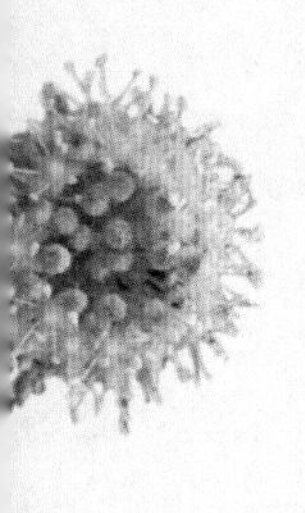

2. 保健品

刺五加可益气健脾、补肾安神、益精壮骨，保健功能显著，开发的保健品主要有保健胶囊等。以刺五加浸膏粉为主要功效成分，佐以维生素E等物质，制成的保健胶囊，具有延缓衰老的功效。以西洋参、刺五加、淀粉、硬脂酸镁为原料制成的中药保健胶囊，具有一定的抗疲劳作用。

3. 食疗

（1）膳食　《日华子本草》记载刺五加“治皮肤风，可作蔬菜食。”刺五加叶可直接食用，不少群众还将刺五加叶做成菜肴，如凉拌五加叶（刺五加嫩叶250g，配以盐、味精、蒜、麻油等烹制）、五加叶鸡蛋汤（刺五加嫩叶150g、鸡蛋2只，配以精盐、味精、葱、素油等烹制），适用于体虚、肿痛、咽痛、目赤和风疹等症状的患者食用。

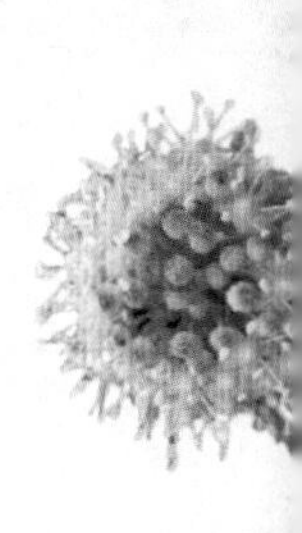

（2）茶饮　刺五加可做茶饮，沸水冲泡加盖闷15分钟后即可饮用。五加参茶是刺五加叶在保健食品中最具代表性的应用，具有益气健脾、补肾安神的功效，尤其对老年性气管炎患者有扶正固本的作用。经常饮用刺五加茶饮能够起到预防心脑血管疾病、调节血压、降血糖、抗炎抗疲劳等作用，每天饮用五加参茶10～15ml能够明显改善神经衰弱、失眠等症状。

（3）饮料　以树莓果与刺五加叶搭配，充分利用树莓的鲜艳色泽和独特的风味以及刺五加叶的保健功效，可制成一种富有良好感官性状及营养价值的保健型果茶饮品。以刺五加为原料，采用双歧杆菌发酵，在此基础上添加各种辅料，可制成具有保健作用、符合现代需求、营养全面、富含生物活性物质的全新功能性保健饮料；还可以刺五加嫩叶、鲜乳为主要原料制成保健酸乳，扩大刺五加的应用范围，满足人们对不同功能保健乳品的要求。

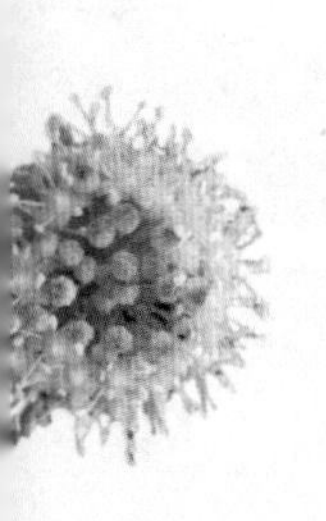

参考文献

[1] Fu AL，Wu SP，Dong ZH，et al. A novel therapeutic approach to depression via supplement with tyrosine hydroxylase [J]. Biochem Biophys Res Commun，2006，351（1）：140–145.

[2] Kujaws. Triterpenoid Saponins of Eleutherococcus Senticosus Roots [J]. Nat Prod，1991，54（4）：1044–1048.

[3] Kuteeva E，Wardi T，Lundstrom L，et al. Differential role of galanin receptors in the regulation of depression–like behavior and monoamine/stress–related genes at the cell body level [J]. Neuropsy chopharmacology，2008，33（11）：2573–2585.

[4] Li Zhi–Feng，Wu Zhao–Hua，Chen Gang，et al. Two new compounds from Acanthopanax senticosus Harms [J]. Journal of Asian Natural Products Research，2009，11（8）：715–718.

[5] Liu KY，Wu YC，Liu IM，et al. Release of acetylcholine by syringin，an active principle of Eleutherococcus senticosus，to raise insulin secretion in Wistar rats [J]. Neuroscilett，2008，34（2）：195–199.

[6] Yang Guan–E，Li Wei，Huang Chao，et al. Phenolic constituents from the stems of Acanthopanax senticosus [J]. Chemistryof Natural Compounds，2011，46（6）：876–879.

[7] Zeman M，Jachy mova M，Jirak R，et al. Polymorphisms of genes for brain–derived neurotrophic factor，methylenetetrahy drofolate reductase，tyrosine hydroxylase，and endothelial nitric oxide synthase in depression and metabolic syndrome [J]. Folia Biol（Praha），2010，56（1）：19–26.

[8] Zhao Y，Ma R，Shen J，et al. A mouse model of depression induced by repeated corticosterone injections [J]. Eur J Pharmacol，2008，581（1–2）：113–120.

[9] 白静，额尔敦朝鲁. 刺五加治疗脑血栓形成疗效探讨 [J]. 亚太传统医药，2015，11（21）：116–117.

[10] 曹建国，祖元刚. 刺五加生活史型特征及其形成机制 [M]. 北京：科学出版社，2005.

[11] 陈宏昌，魏文峰，王伟明. 刺五加叶中金丝桃苷的薄层鉴别和含量测定 [J]. 黑龙江医药，2015（4）：703–705.

[12] 陈宏昌，魏文峰，霍金海，等. UPLC–Q–TOF–MS/MS分析刺五加叶的化学成分 [J]. 中药材，2016，39（7）：1536–1540.

[13] 陈嘉谟. 本草蒙筌 [M]. 北京：中医古籍出版社，2009.

[14] 陈士铎. 本草新编 [M]. 北京：中国医药科技出版社，2011.

[15] 陈伟. 刺五加树莓果茶的研制 [J]. 食品研究与开发，2014，35（19）：59-61.

[16] 程昆木. 刺五加多糖含量分析 [J]. 安康学院学报，2009，21（2）：98-99.

[17] 程秀娟，李佩珍，商晓华，等. 刺五加多糖的抗肿瘤作用及免疫作用 [J]. 癌症，1984，3（3）：191-193.

[18] 褚丽敏，孙周平. 刺五加组织培养研究进展 [J]. 北方园艺，2009，（3）：138-140.

[19] 崔超. 冷棚菜用短梗五加高产栽培技术 [J]. 农民致富之友，2014，（2）：195-234.

[20] 崔立勇，张忠，梁成斌. 刺五加采收产地加工贮藏技术 [J]. 果树实用技术与信息，2015（2）：40-41.

[21] 范建国. 刺五加与短梗五加的简易鉴别 [J]. 新农业，2014（9）：55-56.

[22] 丰俊东，林代华. 刺五加皂苷对血管内皮生长因子表达的抑制作用 [J]. 中华中医药学刊，2008，26（3）：661-662.

[23] 冯利华. 中药“五加”的别名“豺漆”、“豺节”考 [J]. 四川中医. 2007，25（4）：38-39.

[24] 傅克治. 中国刺五加 [M]. 哈尔滨：黑龙江人民出版社，1987，1-47.

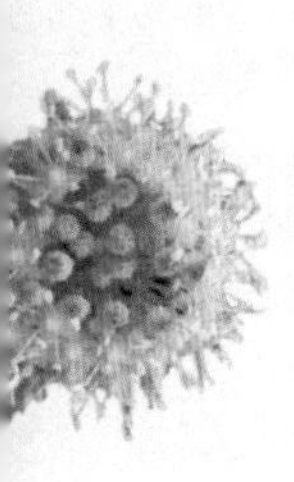

[25] 高殿义. 刺五加“四位一体”温室无公害反季栽培技术 [J]. 辽宁林业科技，2011，（01）：58-59.

[26] 龚婧如，王书芳. 刺五加的化学成分研究 [J]. 中草药，2012，43（12）：2337-2341.

[27] 谷利，邢德刚，杨利敏，等. 刺五加叶皂苷对实验性Ⅱ型糖尿病大鼠心肌LPO的影响 [J]. 黑龙江医药科学，2002，25（4）：3.

[28] 顾哲明. 古代五加药用品种的再考证 [J]. 中国中药杂志，1993，18（3）：131-132.

[29] 国家药典委员会. 中华人民共和国药典 [M]. 北京：中国医药科技出版社，2015.

[30] 哈永年，孟庆升，傅克治，等. 黑龙江省刺五加经济量的调查 [J]. 国土与自然资源研究，1994：71-74.

[31] 韩承伟，张顺捷，李相林，等. 刺五加双向经济林规模化种植可行性剖析 [J]. 中国林副特产，2008，（02）：85-86.

[32] 韩学俭. 五加皮的采收与加工技术 [J]. 中国农村科技，2004（4）：42-42.

[33] 韩忠明，韩梅，吴劲松，等. 不同生境下刺五加种群构件生物量结构与生长规律 [J]. 应用生态学报，2006，17（7）：1164-1168.

[34] 韩忠明，王云贺，张永刚，等. 不同生境刺五加生长发育及光合特性研究 [J]. 西北植物学报，2011，（9）：1852-1859.

[35] 何景，曾沧江. 五加科. 中国植物志（第54卷）[M]. 北京：科学出版社，1978.

[36] 何文兵，徐晶，邵信儒，等. 长白山区刺五加果糕的配方及工艺研究 [J]. 食品工业科技，2012（5）：289-291、343.

[37] 何文兵，朱俊义，徐晶，等. 长白山区野生刺五加果果汁的配方及工艺研究 [J]. 食品工业科技，2009（8）：189–191.

[38] 侯团章. 中药提取物 [M]. 北京：中国医药科技出版社，2004.

[39] 黄丽，胡春凤. 药食植物刺五加根的扦插繁殖技术研究 [J]. 绿色科技，2012，（3）：136–137、140.

[40] 黄奭辑. 神农本草经 [M]. 北京：中医古籍出版社，1982.

[41] 贾继明，王宏涛，王宗权，等. 刺五加的药理活性研究进展 [J]. 中国现代中药，2010，12（2）：7–11.

[42] 景向欣，刘新晶，王洪军，等. 不同扦插条件对刺五加生根的影响 [J]. 黑龙江生态工程职业学院学报，2011，（6）：11–12.

[43] 雷庆锋，张保刚，卢珊，等. 短梗五加反季棚菜栽培技术 [J]. 辽宁林业科技，2009，（1）：61–62.

[44] 黎功炳，雷宁，龙军，等. 刺五加胶囊改善抑郁大鼠学习记忆能力及对海马BDNF表达的影响 [J]. 现代生物医学进展，2012，12（6）：1078–1080.

[45] 李昌禹，艾军，雷秀娟，等. 刺五加生境与药用成分含量关系的研究进展 [J]. 北方园艺，2009（12）：140–142.

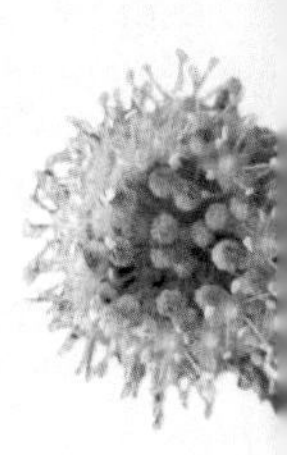

[46] 李柯，陈丹，李若存. 刺五加饮片的质量比较研究 [J]. 中国实用医药，2010，5（6）：27–28.

[47] 李平，王春根. 刺五加临床信用 [J]. 中国临床医生，2001，29（2）：46.

[48] 李时珍. 本草纲目（下册）[M]. 北京：人民卫生出版社，1985.

[49] 李筱玲，邓寒霜. 刺五加茎叶化学成分分析 [J]. 商洛师范专科学校学报，2006，20（1）：103–105.

[50] 李中梓.《雷公炮制药性解》评注 [M]. 北京：人民军医出版社，2010.

[51] 梁建萍. 刺五加叶片组织培养研究 [J]. 山西农业大学学报（自然科学版），2005，（4）：340–341.

[52] 刘克武，韩承伟，孟黎明，等. 促进刺五加苗木木质化试验 [J]. 中国林副特产，2005，（5）：14–15.

[53] 刘林德，王仲礼，田伟国，等. 刺五加花的有性生殖和营养生殖植物分类学报. 1997，35（1）：7–13。

[54] 刘林德，刺五加繁殖生物学 [M]. 北京：科技出版社，2013.

[55] 刘树民，张娜. 刺五加多糖的现代研究进展 [J]. 中医药信息，2014，31（2）：116–119.

[56] 刘振启，刘杰. 刺五加与伪品的鉴别 [J]. 首都食品与医药，2015（23）. 52.

[57] 卢芳，刘树民. 中药刺五加神经保护作用研究 [M]. 北京：中国中医药出版社，2016.

[58] 陆佳宁. 刺五加浸膏对光老化大鼠Bcl–2和Bax表达及细胞凋亡影响的实验研究 [D]. 沈阳：

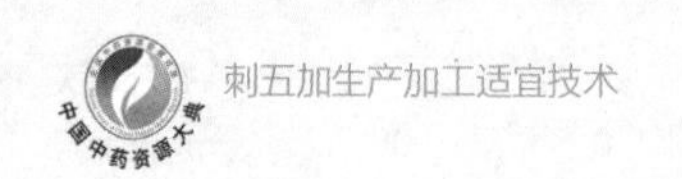

辽宁中医药大学，2013.

[59] 路子佳，卢雪瑶，谢瑶．西洋参刺五加中药保健胶囊抗疲劳作用评价［J］．食品品研究与开发，2015，36（19）：167-170.

[60] 栾景贵，刘海波．刺五加高产修剪技术试验［J］．新农业，2013，（3）：45-46.

[61] 马秀杰．刺五加保健酸奶的研制［J］．中国酿造，2010，（5）：174-176.

[62] 孟祥才，颜丙鹏，孙晖，等．刺五加不同药用部位及不同组织有效成分含量比较研究．时珍国医国药，2009，20（8）：1899-1901.

[63] 孟祥才，颜丙鹏，孙晖，等．不同性别的类型刺五加根茎和茎有效成分季节积累规律的研究．时珍国医国药，2012，23（2）：601-603.

[64] 孟祥才，于冬梅，孙晖，等．生长环境对刺五加生理生化及光合作用的影响［J］．北方园艺．2010（12）：193-195.

[65] 潘菊华，李多娇，王彦云．刺五加抗抑郁作用探析［J］．中医学报，2016，31（212）：83-86.

[66] 曲中原．刺五加总苷抗疲劳实验研究［J］．中成药，2009，31（3）：474-476.

[67] 润国，董大方，康正果．刺五加种群构件的数量统计（I）I刺五加种群地下茎数量统计．吉林林学院学报．1995，11（2）：66-68.

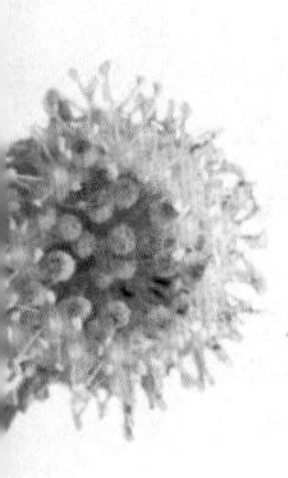

[68] 森立之．本草经考注［M］．上海：上海科学技术出版社，2005.

[69] 邵信儒，张春燕，吴晓庆，等．长白山野生刺五加浆果色素稳定性的研究［J］．食品工业，2013，（7）：52-54.

[70] 宋立梅，刘金义，刘长霞，等．刺五加绿枝扦插繁殖技术探讨［J］．内蒙古林业调查设计，2010，（6）：33-34.

[71] 宋秀芹．速冻刺五加的加工方法［J］．现代农村科技，2008（12）：51-51.

[72] 宋学华．中药五加皮的本草考证［J］．新中医．1985，17（8）：53.

[73] 苏敬．新修本草［M］．合肥：安徽科学技术出版社，1981.

[74] 苏颂．本草图经［M］．合肥：安徽科学技术出版社，1994.

[75] 孙思邈．千金翼方［M］．太原：山西科学技术出版社，2010.

[76] 孙思邈．孙真人千金方附真本千金方［M］．北京：人民卫生出版社，2000.

[77] 孙薇，吴博，石伟彬，等．刺五加胶囊对抑郁大鼠海马组织TH、TPH表达的影响［J］．现代生物医学进展，2011，11（22）：4247—4249.

[78] 台玉萍，黄新辉，李新忠．刺五加的化学成分分析及其药用价值［J］．化工时刊，2012，26（8）：37-40.

[79] 唐慎微．重修政和经史证类备用本草［M］．北京：人民卫生出版社，1957.

[80] 陶弘景．名医别录［M］．北京：中国中医药出版社，2013：202-203.

[81] 陶雷．刺五加体细胞胚发生机制的初步研究［D］．东北林业大学，2013.

[82] 汪琢，姜守刚，祖元刚，等. 刺五加中紫丁香苷的提取分离及抗肿瘤作用研究 [J]. 时珍国医国药，2010，21（3）：752–753.

[83] 王琦，郭冷秋，张博，等. 刺五加质量标准控制 [J]. 中国临床药理学杂志，2014（6）：553–555.

[84] 王荣光，王霞文. 五味子和刺五加抗衰老作用探讨 [J]. 中药药理与临床，1991，7（6）：31–33.

[85] 王庭芬，金春英. 刺五加*Acanthopanax senticosus*（Rupr. & Maxim.）Harms. 及其相近种营养器官的比较解剖 [J]. 东北林学院学报，1980，（2）：29–38、98–101.

[86] 王玉新，徐英凯，李兆民. 8种杀菌剂对刺五加苗期立枯病主要病原菌的室内药剂筛选 [J]. 吉林农业，2014，（24）：12.

[87] 王振斌. 浅谈刺五加栽培技术与病虫害防治 [J]. 科技资讯，2005（23）：104–104.

[88] 王子灿，乔善义，马安德，等. 高效液相色谱–质谱联用技术分析刺五加抗疲劳化学成分 [J]. 第一军医大学学报，2003，23（4）：355–357.

[89] 吴立军，郑健，姜宝虹，等. 刺五加茎叶化学成分 [J]. 药学学报，1999，34（4）：294–296.

[90] 吴仪洛. 本草从新 [M]. 北京：中国中医药出版社，2013.

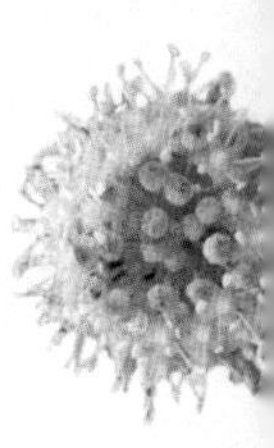

[91] 谢蜀生，吕秀风，秦风华，等. 刺五加多糖免疫调节机理初探 [J]. 中华微生物学和免疫学杂志，1989，9（3）：153–155.

[92] 谢新，狄留庆，赵晓莉，等. 不同产地刺五加叶的质量比较 [J]. 医药导报，2009，28（4）：507–508.

[93] 邢朝斌，沈海龙，赵丽娜，等. 刺五加的体细胞胚胎发生研究 [J]. 中草药，2006，（5）：769–772.

[94] 邢朝斌，吴鹏，李非非，等. 刺五加细胞色素P450基因的克隆与表达分析 [J]. 生物技术通报，2014，（1）：112–115.

[95] 许晓义，武蕾蕾，孟令锴. 黑龙江省刺五加根及根茎的显微特征研究 [J]. 牡丹江医学院学报，2009，（1）：10–12.

[96] 薛茂贤，刘俊义，程丽雅，等. 刺五加增产技术的研究 [J]. 林业科技，1992，（3）：18-20.

[97] 闫兆威，周明娟，卢丹，等. 刺五加果肉化学成分的研究 [J]. 天然产物研究与开发，2010（7）：2015-2017.

[98] 颜廷林. 中药材栽培技术 [M]. 沈阳：辽宁科学技术出版社，2009，117-123.

[99] 杨兴全. 刺五加注射液治疗中老年人高脂血症的临床疗效 [J]. 实用心脑肺血管病杂志，2009，17（8）：682–683.

[100] 姚慧敏，朱俊义，关颖丽，等. 刺五加果饮料及其制备方法 [P]. 吉林：CN103876223A，

2014-06-25.

[101] 叶红军，房家智，朱效民，等. 刺五加叶皂苷诱导胃癌细胞凋亡的探讨［J］. 中国老年学杂志，1999，19（6）：338-339.

[102] 应润兵，安红娟，杨翔华. 双歧杆菌刺五加保健饮料的研制［J］. 食品品研究与开发，2012，33（2）：64-67.

[103] 于华，张玉国. 吉林延边林区刺五加资源的开发利用［J］. 特种经济动植物，2016，19（8）：39-40.

[104] 于万滢，张华，黄威东，等. 多种气相色谱联用技术分析陕西刺五加茎挥发油的化学成分［J］. 色谱，2005，23（2）：196-201.

[105] 余静，李茜，沈文斌，等. 刺五加HPLC/UV/MS指纹图谱研究［J］. 中国药科大学学报，2003，34（2）：148-150.

[106] 袁学千，王淑梅，高权国. 刺五加多糖增强小鼠免疫功能的实验研究［J］. 中医药学报，2004，32（4）：48-49.

[107] 苑艳光. 刺五加茎抗血小板聚集活性部位化学成分的研究［D］. 沈阳：沈阳药科大学，2006.

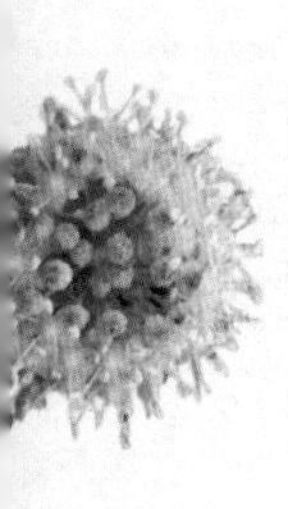

[108] 翟春梅，史连宏，陈忠新，等. UPLC-DAD法同时测定刺五加叶中Chlorogenic acid，Rutin，Hyperoside及Isoquercitrin四种成分的含量［J］. 中医药信息，2016，33（5）：52-55.

[109] 张国柱，刘俊义，程丽雅. 刺五加更新扶育技术实验研究［J］. 中国林副特产，1995，（3）：3-4.

[110] 张海军，韩良成，刘玉波. 刺五加地下茎段繁殖苗木试验初报［J］. 中国林副特产，2002，（04）：1.

[111] 张健夫. 刺五加的组织培养及快速繁殖的研究［J］. 长春大学学报，2004，（4）：73-75.

[112] 张曼影，安继红，李昌辉. 刺五加叶皂苷诱导肺癌细胞凋亡的研究［J］. 吉林大学学报：医学版，2002，28（1）：37-39.

[113] 张涛，林俊虹，袁蕾，等. 刺五加化学成分及自由基清除活性研究［J］. 中草药，2012，4（6）：1057-1060.

[114] 张娅婕，甘振威，谢林. 刺五加茶对糖尿病小鼠血糖及抗氧化能力的影响［J］. 长春中医药大学学报，2008，24（4）：366.

[115] 张英明. 红松嫁接苗套种刺五加山地高产栽培技术［J］. 防护林科技，2016，（9）：116-117.

[116] 张勇. 紫丁香苷的测定及其降血脂、增强免疫力的研究［D］. 长春：吉林大学，2004.

[117] 张育松. 刺五加及刺五加的保健功效与加工工艺［J］. 亚热带农业研究，2009，5（1）：56-59.

[118] 张玥秀，吴兆华，高慧援，等. 刺五加茎叶化学成分的分离与鉴定［J］. 沈阳药科大学学报，2010，27（2）：110–112.

[119] 赵庆余，杨松松. 刺五加化学成分的研究［J］. 药学通报，1988，23（9）：551–552.

[120] 赵淑兰，沈育杰，杨义明，等. 光照强度对不同栽培环境下刺五加生长发育的影响［J］. 特产研究，2004,（3）：18–19.

[121] 赵淑兰，沈育杰. 刺五加绿枝扦插繁殖研究［J］. 特产研究，2003,（3）：1–2.

[122] 赵淑兰. 刺五加栽培技术［M］. 吉林：吉林科学技术出版社，2010.

[123] 赵余庆，柳江华，赵光燃. 刺五加中脂肪酸类和酯类成分的分离与鉴定［J］. 中医药学报，1989（3）：55–56.

[124] 郑颖，郑璐，张瑜，等. 刺五加组织培养及快速繁殖的研究［J］. 林业实用技术，2011,（6）：34–36.

[125] 中国科学院中国植物志编辑委员会. 中国植物志［M］. 北京：科学出版社，1978.

[126] 周慧，宋凤瑞，刘志强，等. 刺五加叶的HPLC–UV和ESI–MS指纹图谱研究［J］. 质谱学报，2008，29（6）：321–326.

[127] 周珂，谭勇，刘忠第，等. 刺五加治疗血管性痴呆的机制和前景［J］. 世界中医药，2017，12（3）：704–707.

[128] 周岩. 本草思辨录［M］. 北京：中国医药科技出版社，2013：143.

[129] 周以良. 黑龙江植物志［M］. 哈尔滨：黑龙江科技出版社，1986，446–447.

[130] 朱立刚，李志峰. 刺五加的化学成分研究［J］. 中国中医药，2013（5）：65–66.

[131] 朱雪征. 刺五加愈伤组织诱导及褐化抑制［J］. 辽宁林业科技，2014,（1）：24–26.

[132] 祝宁，郭维明，金永岩. 刺五加的根茎及其繁殖［J］. 自然资源研究，1988,（1）：58–61.

[133] 祝宁，刘阳明. 刺五加生殖生态学的研究（Ⅲ）——根茎分布、能量分配及干扰对无性系小株发生的影响［J］. 东北林业大学学报，1993,（5）：35–40.

[134] 祝宁，王义弘. 刺五加生殖生态学的研究（Ⅱ）——种子扩散、种子库及更新［J］. 东北林业大学学报，1992,（5）：12–17.

[135] 祝宁，卓丽环，臧润国. 刺五加（Eleutherococcus sentincosus）会成为濒危种吗?［J］. 生物多样性，1998,（4）：13–19.

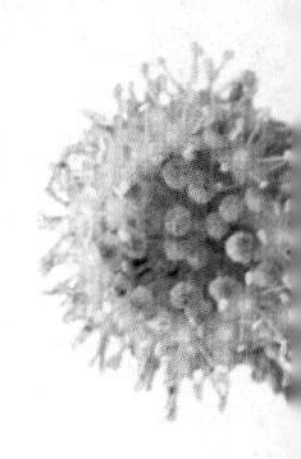